茶都雅韵

杭州名茶品鉴

朱家骥　编著

杭州出版社

图书在版编目（CIP）数据

茶都雅韵：杭州名茶品鉴 / 朱家骥编著. -- 杭州：杭州出版社，2020.7

（世界的杭州）

ISBN 978-7-5565-1168-6

Ⅰ．①茶… Ⅱ．①朱… Ⅲ．①茶叶－品鉴－杭州 Ⅳ．①TS272.5

中国版本图书馆CIP数据核字（2019）第227456号

Chadu Yayun

茶都雅韵

杭州名茶品鉴

朱家骥　编著

责任编辑	钱登科
美术编辑	祁睿一
出版发行	杭州出版社（杭州市西湖文化广场32号6楼）
	电话：0571-87997719　邮编：310014
	网址：www.hzcbs.com
排　版	杭州真凯文化艺术有限公司
印　刷	浙江全能工艺美术印刷有限公司
开　本	710 mm × 1000 mm　1/16
字　数	134千
印　张	13
版 印 次	2020年7月第1版　2020年7月第1次印刷
标准书号	ISBN 978-7-5565-1168-6
定　价	60.00元

总　序

　　"东南形胜，三吴都会，钱塘自古繁华。"中国七大古都之一的杭州，自南宋建都以来，已是国际性大都市。学界一般认为，南宋时期临安人口规模为100万—120万，国外其他城市难以匹敌；国内生产总值约265.5亿美元，居世界之首。难怪意大利旅行家马可·波罗盛赞：杭州是"世界上最美丽华贵之天城"。

　　历宋元明清，杭州不仅通过海陆"丝绸之路"，将茶叶、丝绸、瓷器等大宗商品源源不断地远销海外，也吸引着日僧寂照、高丽僧统义天、波斯阿老丁、意大利马黎诺里、摩洛哥伊本·白图泰、法国金尼阁、英国梅滕更、美国王令赓、普鲁士亨利亲王等外国名人纷至沓来，甚至在16世纪的"飞马亚洲"地图上赫然标着"Quinsay（杭州）"字样，作为中国的地理位置标识。新中国成立后，杭州努力改变着"美丽的西湖，破烂的城市"形象，奋力行进在"一川如画、两岸诗和、三美天下"的新征程上，已成为我国对外交往的重要窗口。

2016年7月11日通过的《中共杭州市委关于全面提升杭州城市国际化水平的若干意见》，就全面提升杭州城市国际化水平作出全面部署。同年，G20峰会将杭州推向世界舞台中央，给杭州提升城市国际化水平带来了千载难逢的机遇。

2017年2月召开的中共杭州市第十二次代表大会吹响了杭州"加快建设独特韵味、别样精彩世界名城"的新号角。同年，杭州又成为"一带一路"地方合作委员会牵头城市，为"民心相通"事业作出积极贡献。

2018年4月召开的杭州市十三届人大常委会第十一次会议通过的《杭州市城市国际化促进条例》，第一次以地方立法的形式促进城市国际化。同时，将每年9月5日设立为"杭州国际日"。

2019年1月召开的杭州市第十三届人民代表大会第四次会议上提出：面对世界新变局、中国新时代、杭州新亚运的大背景，我们必须紧扣重要战略机遇新内涵，充分发挥杭州的创新、文化、生态等独特优势，叠加赋能，攻坚克难，进一步加快独特韵味别样精彩世界名城和展示新时代中国特色社会主义重要窗口建设。

如何发挥历史人文优势，服务国家战略大局，是杭州城市国际化的题中应有之义和有效的突破点。如今，在杭州深入实施"拥江发展"战略、着力建设"世界名城"之际，编写出版一套篇幅适中、亮点纷呈的"世界的杭州"轻阅读人文读本，留给世人更多的美好记忆，向世界讲好"杭州故事"、传播杭州"好声音"，很有意义，也非常必要。

这套丛书总体上分为两个板块：一是"杭州记忆"板块。用雅俗共赏的内容、生动有趣的文字、图文并茂的形式，介绍杭州最精彩的亮点，如西子湖、大运河、良渚遗址、南宋皇城、西泠印社、浙派古琴、西湖龙井茶、落胃杭帮菜等。二是"杭州声音"板块。从前一板块中精选出贴近海外读者阅读兴趣的内容，进行重新整编，并翻译成英语等外文，让杭州走向世界，让世界了解杭州。与其他介绍杭州的图书相比，这套丛书主要呈现四大特点：一是在内容选取上，努力实现"最杭州"与"最中国"的叠加。系统梳理"杭州元素"，遴选出在国际上能代表中国元素、在全国范围独具杭州特色的内容。二是在表达方式上，努力实现"正说"与"趣说"的叠加。所谓"正说"，既正面介绍杭州，关注杭州各方面的闪光点；又以严肃的学术研究作支撑，避免"误说""戏说"。所谓"趣说"，是指图书的框架结构、行文风格要贴近当代读者，以"轻阅读"展示杭州的厚重人文，避免繁冗乏味。三是在装帧形式上，努力实现"颜值"与"才华"的叠加。整个设计，既符合大众的审美需求，又体现杭州特色、人文内涵，同时植入有效信息，增加附加值。四是在读者定位上，努力实现"老乡"与"老外"的叠加。这套丛书，既是杭州市民包括"新杭州人"了解自己所生活工作的城市、激发爱乡情怀的人文读本，也是我国外省市读者了解杭州的一个美丽窗口，更是杭州走向世界的一张精彩名片。

两个板块相互关联，各有侧重，贴近不同类别读者的阅读兴趣和习惯；四大特点精益求精，精彩纷呈，争取让这套丛书成为"墙里墙外皆香"的一树繁花。

书香杭州，开卷有益。愿更多的杭州人、外地人、外国人，通过阅读这套丛书，知杭、懂杭、爱杭。乡关在何方？最忆是杭州！

是为序。

编　者

目　录

引　言

"江南忆，最忆是杭州。"

这是约一千二百年前，唐代诗人白居易离任杭州刺史十余年后留下的赞誉杭州的名句。

"小楼一夜听春雨，深巷明朝卖杏花。矮纸斜行闲作草，晴窗细乳戏分茶。"

这是八百三十多年前，南宋诗人陆游对当时都城临安（今浙江杭州）茶与人的生活诗画般的写照。

杭州拥有八千年的跨湖桥文化、五千年的良渚文明、千余年不间断的繁荣史。自秦朝设钱唐县、余杭县以来，杭州已有二千二百多年的历史；杭州曾是吴越国都和南宋京城，造就了"东南形胜，三吴都会，钱塘自古繁华"的盛况；元代时，意

腻绿长鲜谷雨春
（杭州市茶文化研究会供图）

大利旅行家马可·波罗来到杭州，惊叹她是"世界上最美丽华贵之天城"；明清以来，杭州一直延续着"淡妆浓抹总相宜"的绝代风华。

"春暖花香，岁稔时康。真乃上有天堂，下有苏杭。"元代奥敦周卿《蟾宫曲》的元曲小令，人们至今仍在咏叹。

"茶香水熟群相属，润我枯肠诗思生。"（康有为《龙井》）在"人间天堂""中国茶都"杭州，一泡茶，一啜茗，便生出万千思绪来……

茶香千年
（张闻涛摄影）

一　杭为茶都

茶，起源于中国。

中国是茶的故乡。

杭州是中国茶都。

唐代陆羽《茶经·六之饮》曰："茶之为饮，发乎神农氏，闻于鲁周公。齐有晏婴，汉有扬雄、司马相如，吴有韦曜，晋有刘琨、张载、远祖纳、谢安、左思之徒，皆饮焉。滂时浸俗，盛于国朝，两都并荆渝间，以为比屋之饮。"

这部《茶经》就是被世界公认的第一部茶叶专著。

"茶圣"陆羽（733—约804），字鸿渐，一名疾，字季疵，自称桑苎翁，又号东冈子，唐复州竟陵（今湖北天门）人。因安史之乱，他随难民流落来到浙江，一路遍访三十二州，考察茶事，大概于唐上元年间（760—762）隐

茶圣陆羽像（钱少穆摄影）

3

居于湖州苕溪，整理沿途考察茶事的笔记。上元元年（760）十一月，江浙一带发生"刘展之乱"。乱兵攻陷湖州，又攻杭州，未果，便在余杭屯兵。兵荒马乱间，陆羽又转移至相对安全的余杭双溪阖门著书，在"茶记"的基础上，写成了《茶经》三卷，并把杭州"天竺、灵隐二寺"等茶的情况写入其中。

陆羽《茶经·八之出》载："杭州临安、於潜二县生天目山，与舒州同。钱塘生天竺、灵隐二寺。睦州生桐庐县山谷。"这里清楚地记录了杭州唐或唐以前的茶。

到北宋时，西湖龙井茶就是贡茶了，杭州很多地方的茶叶也进贡给朝廷。南宋潜说友《咸淳临安志》卷五十八《物产·货之品》"茶"条记载："钱塘宝云庵产者，名宝云茶；下天竺香林洞产者，名香林茶；上天竺白云峰产者，名白云茶。"

《咸淳临安志》载
宝云茶等

北宋贡茶——香林茶，即陆羽《茶经》所言的"天竺、灵隐二寺"茶。宝云茶产地宝云茶坞，即在《咸淳临安志》卷七十九《寺观五》所载的"宝云寺"，大概在今葛岭一带。或许可以推测，陆羽访秦王缆船石时，宝石山、葛岭一带有大片茶园，郁郁葱葱，青翠可人。从目前所见史料来看，在北宋杭州知州赵抃与龙井寺僧辩才的和诗中，首次称龙井茶（与现在的西湖龙井茶不同）为"贡茶"。

赵抃（1008—1084），字阅道，号知非子，衢州西安（今浙江衢州）人。宋景祐元年（1034）进士，曾任殿中侍御史，人称"铁面御史"。熙宁三年（1070）四月至十二月、熙宁十年（1077）五月至元丰二年（1079）正月两度知杭。据《咸淳临安志》卷七十八《寺观四》"龙井延恩衍庆院"条载，赵抃在元丰二

《咸淳临安志》载
赵抃与辩才品茶唱
和事

5

年仲春正式离杭归田之际，游南山，宿龙井，与辩才促膝长谈；元
丰七年（1084）六月，赵抃再次去龙井看望辩才，两人在龙泓亭
"烹小龙茶"，并相互唱和。赵抃诗：

> 湖山深处梵王家，半纪重来两鬓华。
>
> 珍重老师迎意厚，龙泓亭上点龙茶。

辩才和诗：

> 南极星临释子家，杳然十里祝（一作税）青华。
>
> 公年自尔增仙籍，几度龙泓诗贡茶。

诗中"龙泓亭上点龙茶"的"龙茶"，当为龙井寺出产的小龙
团茶。宋代茶叶均压制成团饼，便于储藏和运输。贡茶外面压有
龙、凤图案，称为"龙团""凤饼"，大者称"大龙团"。"几度
龙泓诗贡茶"，证明当时龙井一带的小龙团茶已成为贡茶。就在写
下这首诗的那一年，赵抃去世，这首诗既成了宋代有"龙井贡茶"
的首咏，也成了赵知州描述"龙井贡茶"的绝唱。

此后，历代对杭州茶吟咏不断，对杭州西湖龙井茶的推崇有增
无减。

到了明代，太祖朱元璋为了减轻茶户劳役，下诏："建宁岁贡
上供茶，听茶户采进，有司勿与。敕天下产茶去处，岁贡皆有定
额。……上以重劳民力，罢造龙团，惟采茶芽以进。"（《明太祖

实录》卷二百十二"洪武二十四年九月庚子"条）当时所说的"茶芽"，实际上是宋元时期的"草茶"或"散茶"，与旧时龙团相比，这种茶就是制作简易的百姓日常饮用的茶。朱元璋的诏令无疑为西湖龙井茶区早已流行的"叶茶"发展提供了机遇。

到了清代，西湖龙井茶声名鹊起。这与乾隆帝钟爱龙井茶有着十分重要的关系。乾隆帝曾经六下江南，其中四次巡幸杭州茶区，先后到了西湖天竺、云栖、龙井等地。他观茶艺，作茶诗，对西湖龙井茶赞不绝口，结下不解之缘，使西湖龙井茶声名远扬。

1915年巴拿马世界博览会，1926年费城世界博览会，中国以茶叶等传统商品参展，向全世界展示了中华民族的独特风味。就在1926年费城世博会上，中国茶叶以无可挑剔的色、香、味、形获得多项大奖，获大奖的茶叶商家包括沪、苏、浙、赣等地25家茶庄，其中杭州就有10家，且获奖茶叶均为龙井茶，外地参展获奖的也有龙井茶。

嘉卉得天味
（杭州市茶文化研
究会供图）

聊因雀舌润心莲
（杭州市茶文化研
究会供图）

随着西湖龙井茶的名气越来越大，各地对龙井茶的需求量与日俱增，茶叶产区也不断广大。1921年，民国政府农商部根据商家的申请，准许龙井茶以狮峰、龙井、云栖、虎跑四个主要产茶地地名的首字为注册商标，即"狮、龙、云、虎"四个字号（商标）。由于四个产茶地小气候环境、地质与炒制技术略有差异，因此不同字号的龙井茶在保证高品质的前提下各具特色。至此，清代称为"本山茶"的西湖龙井茶逐渐为"狮、龙、云、虎"四个字号的名称所代替。

1949年新中国成立以后，党和政府十分关心茶业的发展。1956年，经国务院科学规划委员会批准，在杭州茶区筹建了中国农业科学院茶叶研究所。1958年9月，我国唯一的国家级综合性茶叶科研机构在杭州正式挂牌成立。1978年，中华全国供销合作总社杭州茶叶蚕茧加工科研所（2000年3月更名为中华全国供销合作总社杭州茶叶研究院），经国务院批准也在杭州成立。国家级茶叶科研机构落户杭州，给杭州乃至中国的茶业发展奠定了坚实的基础。

改革开放以后，杭州茶业得到了快速发展。据有关资料显示，杭州的茶园从新中国成立初期的11.7万亩（合约78平方千米），茶叶产量不到3000吨，发展到2016年茶园面积达40余万亩（合约

266.67平方千米），茶叶产量2.2万余吨。同时，由茶衍生出来的茶文化、茶旅游以及与茶相关的产业经济，给杭州这座历史文化名城和国际风景旅游城市带来了无限的发展潜力。

2005年4月，在中国（杭州）西湖国际茶文化博览会开幕式上，中国国际茶文化研究会、中国茶叶学会、国家茶叶质量监督检验中心、中国饮料工业协会、中国茶叶流通协会、中国茶叶博物馆、浙江大学茶学系、中国旅游报社、农民日报社、中华合作时报社等10家国内权威机构授予杭州"中国茶都"的称号。

"中国茶都"的桂冠，无疑是历史文化底蕴造就的杭州的荣誉。这不仅提升了茶与历史文化名城、茶与风景名胜、茶与现代休闲生活的丰富内涵，而且提出了共同推进世界茶叶发展，谱写茶产业和茶文化新篇章的历史重任。

杭为茶都
（姚建心摄影）

龙井之春
（张闻涛摄影）

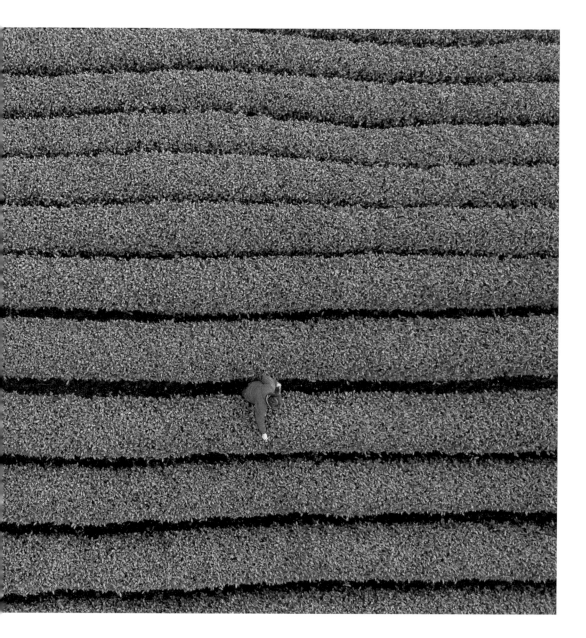

二 茶史茶缘

　　若以《茶经》论杭州茶有史可稽的起源，则唐代临安和於潜的天目山茶、钱塘（今杭州）的天竺灵隐茶、桐庐的山谷茶，当属"鼻祖"。其中天竺灵隐茶，因产于今世界文化遗产西湖景区内，或可视作西湖龙井茶的前身，历经岁月洗礼、茶农汗蒸、名家吟诵，更是名扬四海。

（一）古籍中的杭州茶

　　《茶经》说"钱塘（茶）生天竺、灵隐二寺"，可见杭州茶与西湖山水、宗教文化有着密切关系。杭州自古号称"东南佛国"，当以天竺、灵隐最为出名。

　　灵隐寺始建于东晋咸和三年（328），至今已有约一千七百年的历史，为杭州最早的寺庙之一。它地处西湖以西，以北高峰为靠山，以飞来峰为案山，两峰夹峙，林木耸秀，深山古寺，云烟万状，不愧是仙灵所隐、云林胜景，引得游人络绎不绝。

　　《灵山志》称："宋时定地界，以飞来峰之阳归天竺，以飞来峰之阴属灵隐。"[1]从灵隐寺到天门山，周围数十里，统称天竺山。从灵隐寺"咫尺西天"照壁沿灵隐涧往西南而上，依次为下天竺法镜寺、中天竺法净寺、上天竺法喜寺。天竺三寺以法喜寺面积最大，寺四周有白云峰、白云泉、乳窦峰、乳窦泉等名胜。灵隐、天竺一带历来不仅是佛教圣境、游览胜地，而且山水处处与杭州茶紧密相连，美景古寺深藏着古都茶香。

早在宋代，灵隐、天竺已是杭州的主要产茶区，那时以"香林茶""白云茶""宝云茶""垂云茶"等广为人们称道。

南宋施谔《淳祐临安志》卷九"香林洞"条下有记："下天竺岩下，石洞深窈，可通往来，名曰香林洞。慈云法师有诗：'天竺出草条，因号香林茶。'"需要指出的是，那时的香林茶称为"草茶"，而这种茶有别于团饼茶，是一种不经碾压而保持芽叶原貌的散茶。宋代全国流行的仍是承袭唐代的蒸青团茶，而且制作更精细，团片更趋小型。苏轼《次韵曹辅寄壑源试焙新芽》诗中有云："仙山灵草湿行云，洗遍香肌粉未匀。明月来投玉川子，清风吹破武林春。"诗中讲到的团茶，是在茶的表面涂了一层膏油，难以鉴别其品质高下，而杭州灵隐山（即武

[1] 管庭芬原辑，曹籀删订：《天竺山志》卷四"灵鹫峰"条，《武林掌故丛编》本。

《茶经》载"钱塘（茶）生天竺、灵隐二寺"

《淳祐临安志》载"香林茶"

其下谓之白云堂。山中出茶，因谓之白云茶。东坡

居士有种茶诗云：白云峰下两枪新……

南高峰

在南山石坞後霞山後高崖峭壁怪石尤多北堂……

窒二年仁王寺僧修葺重修……

《淳祐临安志》载
"白云茶"

白云茶

物产

《杭州上天竺讲寺志》……白云茶，《郡志》曰：白云峰出者，名白云茶，与香林、宝云并称佳品……

桂花

《志》曰……

《杭州上天竺讲寺志》载"白云茶"

林山）所产的"武林春"草茶，恰似西子家人，不经"浓妆"，好像是传统制茶方式中吹来的一股清风。

白云茶产于上天竺旁白云峰，曾是南宋岁贡的西湖名茶。《淳祐临安志》卷八"白云峰"条载："上天竺山后最高处，谓之白云峰。于是寺僧建堂其下，谓之白云堂。山中出茶，因谓之白云茶。"明代释广宾《杭州上天竺讲寺志》卷十《器界庄严品·物产》载："白云茶，《郡志》曰：白云峰出者，名白云茶，与香林、宝云并称佳品。"隐居西湖孤山二十余年的林和靖，非常看重白云茶，曾作《尝茶次寄越僧灵皎》诗，盛赞白云茶："白云峰下两枪新，腻绿长鲜谷雨春。静试恰看湖上雪，对尝兼忆剡中人。瓶悬金粉师应有，箸点琼花我自珍。清话几时搔首后，愿和松色劝三巡。"谷雨前采制的白云茶，好似"金粉""琼花"，是茶中精品。这首诗将西湖群山中的景与茶、茶与人融为一体，让人在茶诗中感受到杭州茶隽永的雅韵。

宝云茶产自西湖北岸葛岭旁的宝云山，也是杭州宋代的一款名茶。清代翟灏等编《湖山便览》卷四《北山路》载："宝云山，在葛岭左，东北与巾子峰接，亦称宝云茶坞。宋《图经》载：杭州之茶惟此与香林、白云所产入贡，余不与焉。"

垂云茶产自西湖北山的宝严院。南宋吴自牧《梦

茶寶雲茶　香林茶　白雲茶　又寶嚴院垂雲亭亦
產東坡以詩戲云妙供來香積珍烹具大官揀芽分雀
舌賜茗出龍團蓋南北兩山七邑諸山皆產徑山採穀
雨前茗以小缶貯價之

鹽湯鎮　仁和村　鹽官　浮山　新興　下管　上
管　蜀山　巖門　南路茶槽等場常產之地漢置鹽
官吳王濞煮海爲鹽之地

蜜蠟紙　餘杭由拳村出藤紙富陽有小井紙赤
亭山有赤亭紙

半股壽蚨半文疑游人歡洽所分授偶遺之者各賦
詩紀其事此寺諸志失載惟見臨安志西湖圖中
陳文肅公襄　公諱文肅歷官參知政事宋景炎初輿
化軍降元執之不屈死墓在合沙次日即生竹林俱有
人不能登衆謂思義所感明
正德間就墓前建祠

寶雲山
宋嘗經載杭州之茶惟此與香林白雲所產人亦罕入貢餘
不與焉
葛嶺左東北與巾子峰接亦稱寶雲塢

錦塢
山女錦塢在寶雲山地多花卉燦爛如錦故名塢
寶雲寺
乾德二年吳越王建
妙思堂
舊時屬寺蘇於
今僅存一卷俗呼葛仙

《湖山便览》载
"宝云茶坞"

《梦粱录》载宝云
茶、香林茶、白云
茶、垂云茶

梁录》卷十八《货之品》载："茶：宝云茶，香林茶，白云茶，又宝严院垂云亭亦产。"宝严院在北山葛岭上，据《咸淳临安志》卷七十九《寺观五》所记，"后唐天成二年，钱氏建，旧名垂云。治平二年，改今额。元丰中，僧清顺作垂云亭"。苏轼曾到宝严院品尝过垂云茶，并留下了诗作《怡然以垂云新茶见饷，报以大龙团，仍戏作小诗》，其中有云："妙供来香积，珍烹具太官。拣芽分雀舌，赐茗出龙团。"诗人在寺中的香积厨喝到了宫廷御厨（太官）珍烹的雀舌嫩芽，故以大龙团相报。

　　可见，早在宋代，从灵隐、天竺到宝石山、宝云山，可谓是西湖山中产名茶。山水处处透着茶香，茶香茶韵让西湖的山更文雅，西湖的美景让杭州茶更香醇。

（二）白居易韬光庵饮茶

在灵隐寺西北巢构坞有一韬光庵（寺），为唐时蜀僧韬光禅师所建。此僧辞师出游时，师嘱其"遇天可前，逢巢即止"。当他云游到灵隐山巢构坞时，又正值白居易为郡守，顿悟"此吾师之命也"，便留止于此，筑庵说法。白居易听说此事，慕名造访，后常一起品茗吟唱，诗文酬答频频。白居易还为韬光题堂名曰"法安"。一日，白居易作《招韬光禅师》诗，想邀请韬光到城里一聚，诗云："白屋炊香饭，荤膻不入家。滤泉澄葛粉，洗手摘藤花。青芥除黄叶，红姜带紫芽。命师相伴食，斋罢一瓯茶。"韬光不肯从命，也以诗作答："山僧野性好林泉，每向岩阿倚石眠。不解栽松陪玉勒，惟能引水种金莲。白云乍可来青嶂，明月难教下

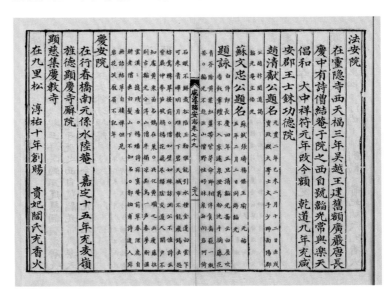

《咸淳临安志》载
《招韬光禅师》诗

韬光寺旧影

碧天。城市不堪飞锡去，恐妨莺啭翠楼前。"白居易不得已，只好亲自上山访晤，与韬光一起汲泉煮茗。清代施闰章还写了一首《韬光寺用白香山韵》诗："丹阁仙人宅，香台佛子家。岚深晴作雨，树老晚成花。涧口齐藤叶，墙根过笋芽。听泉从日暮，自煮白云茶。"那时的韬光庵已称韬光寺了，而且有了明万历十二年（1584）所建的吕纯阳殿（吕洞宾号纯阳子），不过施闰章喝的还是"白云茶"。

韬光寺是古代灵隐山中最适合远眺钱塘江的地方，亭柱上楹联"楼观沧海日，门对浙江潮"为唐初诗人宋之问的名句。"韬光观海"还是清代"西湖十八景"之一。民间传说取韬光寺金莲池的泉水治病，效果极好，因此韬光寺的香火非常旺。

1982年韬光寺被大火烧毁后，改建为一座敞厅，题匾"白云深处"。2003年12月，该寺由杭州市园林文物局移交杭州市佛教

韬光寺山门
（朱家骥摄影）

韬光寺一瓯亭
（朱家骥摄影）

协会管理，2006年起重新整治修缮。由灵隐寺外绕一小道上山，沿着茂林修竹间的石阶向上攀登，不多久便可见到韬光寺的山门。寺庙建筑的整体结构大致符合"一正两厢"的中国传统建筑格局，又根据山体的走势而有所创新。中轴线最下层是大雄宝殿，中间是法安堂，最上层是吕纯阳殿和祖师殿，为寺院主体建筑，多为两层通透式结构。通过别具一格的传统雕刻门窗，室内和室外之景融为一体，裸露的青砖，白色的墙体，枣红色的门窗，与以黄为主色调的传统寺院相比，另有一番风味。中轴线的一边为茶室和僧寮，游客信众可以在此边饮茶边观景，怡然自得。相传当年韬光禅师与白居易烹茶取泉处，就在现韬光寺内的观海亭后、吕公岩（洞）前的香案处。

（三）飞来峰下香林茶

陆羽在《茶经》中直接点到杭州茶的有三处，《八之出》一节中与湖州茶、常州茶相比较，提到"宣州、杭州、睦州、歙州下"，又讲到"杭州临安、於潜二县生天目"，"钱塘生天竺、灵隐二寺。睦州生桐庐县山谷"。其中天竺灵隐茶，当属产于飞来峰香林洞的"香林茶"最有名。

飞来峰面朝灵隐寺的山坡上，遍布着五代以来的佛教石窟造像，多达三百四十余尊，为江南少见的古代石窟艺术瑰宝，也是世界文化遗产"杭州西湖景观"中弥足珍贵的亮点。苏轼曾有"溪山处处皆可庐，最爱灵隐飞来孤"的诗句，表达了对飞来峰的无比喜爱。这里有西方三圣像（五代）、卢舍那佛会浮雕（北宋）、弥勒

三生香林茶（朱家骥摄影）

飞来峰弥勒造像
（赵辛摄）

佛造像（南宋）、金刚手像（元代）、多宝天王像（元代，即多闻
天王）、男相观音像（元代）等。当然最引人注目的，要数那喜笑
颜开、袒胸露腹的弥勒佛像，这是飞来峰造像中最大的一尊，为宋
代造像艺术的杰出代表。

　　香林茶就产于这灵山圣境之中。南宋《咸淳临安志》卷五十八
《物产·货之品》"茶"条记载："下天竺香林洞产者，名香林
茶。"香林洞，俗称老虎洞，题刻称青林洞，此地又名香桂林，旧
时洞口有香林亭。

宋时的香林茶已不是团饼茶，而是散茶，慈云法师称香林茶为"草条"。而宋代之前，全国流行的是团饼茶，据陆羽《茶经·三之造》载，这种茶的制作要经过采、蒸、捣、拍、焙、穿、封等几道复杂的工序。宋代之后，又出现了龙凤团茶。福建转运使丁谓为了邀宠媚上，制作了一斤八饼的龙凤团茶，做工精细，饰有龙凤图案，十分奢靡。蔡襄接任福建转运使，又制作了一斤二十饼的小龙凤团茶，更为精妙，价值黄金二两，真乃"黄金易得，龙凤难求"。此后，皇家贡茶的奢华攀比之风越来越盛，又出现了"密云龙""瑞云翔龙""龙团胜雪"等品种。宋代姚宽《西溪丛语》卷上载："唯龙团胜雪、白茶二种，谓之水芽。……每胯计工价近三十千。"可谓造价极高，奢侈无比。苏轼曾写过一首《荔枝叹》，以古讽今，诗中有云：

飞来峰香林洞曾是香林茶产地（张望摄影）

武夷溪边粟粒芽，前丁后蔡相宠加。

争新买宠各出意，今年斗品充官茶。

〔宋〕刘松年《撵
茶图》（局部）

苏轼对香林茶的草条形态则大为赞赏，他在《次韵曹辅寄壑源试焙新芽》诗中云：

> 仙山灵草湿行云，洗遍香肌粉未匀。
> 明月来投玉川子，清风吹破武林春。
> 要知玉雪心肠好，不是膏油首面新。
> 戏作小诗君一笑，从来佳茗似佳人。

现在，杭州不少茶馆都喜欢集苏轼的两句诗配成对联："欲把西湖比西子；从来佳茗似佳人。"可谓是通俗易懂而意味隽永。而这流传百年的茶诗绝对，还是从杭州西湖的湖光山色中而来的。"清风吹破武林春"，今人倘以"武林春"作为杭州龙井茶的一个品牌，当也是不错的选择。

从来佳茗似佳人
（杭州市茶文化研究会供图）

（四）狮峰山上的"二老"茶缘

苏轼有一首诗，题目特别长，叫《辩才老师退居龙井，不复出入。余往见之。尝出，至风篁岭。左右惊曰："远公复过虎溪矣。"辩才笑曰："杜子美不云乎：与子成二老，来往亦风流。"因作亭岭上，名曰过溪，亦曰二老。谨次辩才韵赋诗一首》，讲述了文人与僧人之间的茶缘趣事，可见茶、文、释三者关系匪浅。

北宋时，杭州承吴越国的影响，佛教盛行。据史料记载，当时杭州有三百六十座佛寺，这些佛寺大部分是吴越国时期造的，也有一些是北宋时期建的。当时，士大夫们经常优游佛寺，与僧人品茗论道，吟诗谈禅。如北宋蔡襄、赵抃、苏轼等，他们与杭州茶之间

苏轼与辩才品茶论道像（钱少穆摄影）

不乏佛门名僧的身影：蔡襄知杭州时常游净慈寺和吉祥寺；赵抃与净慈圆照禅师和雷峰慧才法师交往颇深，还与辩才在龙泓亭品茶作诗；而苏轼与僧人之间的茶事就更多了。由此可见，历史名人对杭州茶的发展、对杭州茶文化高品位的构建，影响甚大。

从唐代陆羽讲杭州茶"生天竺、灵隐二寺"，到如今西湖龙井茶一级核心产地的狮峰山，其中有天时、地利、人和的原因。

狮峰山，自然生态条件得天独厚，著名的九溪十八涧蜿蜒其间。这里气候温和湿润，细雨霏霏不绝，年平均温度为16.1℃，年平均湿度在80%以上，降雨量达1500毫米左右。狮峰山一带的土壤由西湖石英岩的残破积物和粉砂岩、粉砂质泥岩风化而成的白砂土与黄土组成，所含的微量元素特别适宜茶叶高品质的形成。这一带所产的茶叶含有较多的芳香油，外形精短肥壮，光滑扁削，叶身微有茶毫，色泽嫩绿，滋味柔和甘芳，清香持久，回味隽永。

根据现代农业技术专家认定，全世界凡优质茶叶产区多位于北纬28°—32°，而西湖龙井茶产区恰好又处于最中间的北纬30°04′—30°20′。茶叶专家王家斌的这项科学数据，让"杭为茶都"更具说服力。

得天独厚的地理环境滋养了杭州西湖龙井茶良好的内在品质，而历代茶人与文人雅士对西湖龙井茶的精心呵护，情有独钟，铸就了龙井茶的精神内涵与人文积淀，为它博得了"绿茶皇后"的美名。翻开有关西湖龙井茶的史书，其中苏轼与辩才的故事最让人难以忘怀。

苏轼（1037—1101），字子瞻，号东坡居士，眉州眉山（今属四川）人。苏轼和他的父亲苏洵、弟弟苏辙，都位列"唐宋八大家"，闻名遐迩。

宋仁宗嘉祐二年（1057），21岁的苏轼和他19岁的弟弟苏辙，入京参加贡举，均被录取为高等，殿试后兄弟二人同科进士及第，名动京师，一时传为佳话。从此，苏轼历经仁宗、英宗、神宗、哲宗四朝，宦海沉浮四十余年。同时，他还是北宋杰出的文学家、书画家。他一生中两次来杭做官，第一次在熙宁四年（1071）十一月至熙宁七年（1074）九月，任通判之职，相当于杭州地方官"二把手"；第二次在元祐四年（1089）七月至元祐六年（1091）六月，任知州之职，相当于杭州地方官"一把手"。在杭州为官期间，他疏浚西湖，修筑了贯通西湖南北的长堤，被后人称为"苏堤"或"苏公堤"，留存至今。"苏堤春晓"更是南宋"西湖十景"之一。他两次居杭，前后累计有五年左右时间，足迹遍布杭州的山山水水，留下了"欲把西湖比西子，淡妆浓抹总相宜"等不少千古绝唱。在杭期间，他与杭州的名士、高僧等社会名流广结茶缘，为推进杭州茶文化发展作出了卓越的贡献。

苏轼有不少吟咏杭州茶的诗篇，其中一首《游诸佛舍，一日饮酽茶七盏，戏书勤师壁》讲到了他喝茶祛病的亲身感受：

示病维摩元不病，在家灵运已忘家。

何须魏帝一丸药，且尽卢仝七碗茶。

这首诗记录的是苏轼饮茶祛病的趣事。这首诗在明成化刊《东坡七集》中又名《六月六日以病在告，独游湖上诸寺，晚谒损之，戏留一绝》。当年苏轼通判杭州，与孤山惠勤上人结为神交，闲暇时常去拜访。某年六月六日，他身体不适，独游了净慈、南屏、惠照、小昭庆诸寺后，又到孤山拜访惠勤上人，品饮了七碗浓茶，顿觉神清气爽，感觉身体也舒服了。从诗中可见，苏轼喝茶、爱茶，还基于他深知茶的功效，通过亲身感受来夸茶的真味和饮茶的乐趣妙用。

苏轼是北宋的天才诗人，更是天真的茶人。据史料记载，随着茶叶生产的发展，宋代的咏茶诗词也出现了空前繁荣的局面。据CNKI大成编客网站刊载的李晓燕编著《闲情逸致咏茶诗》前言说，《全宋诗》中有茶诗5315首，涉及作者915人；《全宋词》中有茶词283首，涉及作者129人。其中，苏轼作茶诗词96首，当然最为脍炙人口的当属"从来佳茗似佳人"一句，读之，令人浮想联翩。

提到西湖龙井茶，提到苏轼，人们也总忘不了辩才法师。在狮峰西湖龙井茶一级核心产区里，至今还留存着由苏辙撰写铭文的辩才骨塔。

辩才，法名元净，字无象，杭州於潜人。嘉祐年间（1056—1063），杭州知州沈遘因上天竺住持智月法师之邀，聘请辩才入山住持，并上报朝廷，以教易禅，朝廷予以恩准，赐改寺名为"灵感观音院"。苏轼后来就写过一首《雨中游天竺灵感观音院》诗。当时在朝廷为相的文学家曾公亮特意出钱十万，请正好来杭州任知州的大书法家蔡襄题字，制作了金字题匾送到寺里，一时轰动杭

苏堤春晓
（郑从礼摄影）

城。辩才作为第三代祖师，在上天竺主持法席长达十七年之久。由于北宋朝廷党争激烈，吕惠卿当权，苏轼等受排挤，辩才也因此受连累，离开上天竺，回到他老家於潜西菩寺。一年之后，僧人文捷事败，朝廷又请辩才回到上天竺，再任上天竺住持。三年后的元丰二年（1079），年近古稀的辩才法师，因为不堪承受繁忙的日常事务，决意从上天竺退居南山龙井寿圣院，安度他人生的最后岁月。其间，苏轼、秦观、杨杰、赵抃、参寥等入山与他交游、品茗、作诗，使老龙井这个当年偏僻的茶区逐渐成为名闻杭州的茶文化胜地。

龙井寺，五代吴越国时称延恩衍庆院，于乾祐二年（949）由居民凌霄募缘而建，又称报国看经院；北宋熙宁年间（1068—1077），改名寿圣院，苏轼题写寺额；南宋绍兴三十一年（1161），改名广福院；淳祐六年（1246），改名龙井寺。

苏轼在杭期间，正好是辩才主持上天竺时期。由于趣味相投，他俩建立了友谊，留下了不少佳话，特别是二人在老龙井品茗论道的故事，更为杭州茶增添了浓厚的人文色彩。

辩才是诗僧，更懂茶、爱茶，苏轼是文豪，也懂茶、爱茶，他俩更多的是将茶与人生、与理想信念相结合。

熙宁七年（1074）八月二十七日，苏轼与毛宝（县令）、方武（县尉）一起，从杭州城策马西行，来到於潜的西菩寺（又名西菩提寺、明智院），拜访因遭排挤而暂住于此的辩才法师。苏轼不仅题写了寺额，还留有《与毛令、方尉游西菩寺二首》：

龙井寺旧影

推挤不去已三年，鱼鸟依然笑我顽。

人未放归江北路，天教看尽浙西山。

尚书清节衣冠后，处士风流水石间。

一笑相逢那易得，数诗狂语不须删。

路转山腰足未移，水清石瘦便能奇。

白云自占东西岭，明月谁分上下池。

黑黍黄粱初熟后，朱柑绿橘半甜时。

人生此乐须天付，莫遣儿曹取次知。

　　一年之后，僧人文捷事败，朝廷又请辩才回到上天竺，再任住持。苏轼听到这个消息后，又作《闻辩才法师复归上天竺以诗戏问》诗：

　　　　道人出山去，山色如死灰。
　　　　白云不解笑，青松有余哀。
　　　　忽闻道人归，鸟语山容开。
　　　　神光出宝髻，法雨洗浮埃。
　　　　想见南北山，花发前后台。
　　　　寄声问道人，借禅以为诙。
　　　　何所闻而去，何所见而回？
　　　　道人笑不答，此意安在哉。
　　　　昔年本不住，今者亦无来。
　　　　此语竟非是，且食白杨梅。

　　从以上几首诗中，不难看出苏轼对辩才的敬仰之情，从某个角度来说，也透露出"廉、美、和、敬"的中国茶德。

　　再读读苏轼《赠上天竺辩才师》：

　　　　南北一山门，上下两天竺。
　　　　中有老法师，瘦长如鹤鹄。
　　　　不知修何行，碧眼照山谷。
　　　　见之自清凉，洗尽烦恼毒。

坐令一都会，男女礼白足。

我有长头儿，角颊峙犀玉。

四岁不知行，抱负烦背腹。

师来为摩顶，起走趁奔鹿。

乃知戒律中，妙用谢羁束。

何必言法华，佯狂啖鱼肉。

从诗中的"我有长头儿……起走趁奔鹿"几句可以看出，苏轼此诗是为感谢熙宁六年（1073）辩才为他儿子苏迨治病而特意所作。

元祐四年（1089），苏轼知杭州，这是他第二次来杭州当地方官。次年某日，苏轼去龙井寿圣院拜访辩才后，辩才一路相送，由于两人谈得投机，辩才竟然忘了自己所立下的送客不过溪的规矩。为纪念这段佳话，辩才就在岭上建造了一座亭子，名为"过溪亭"，也叫"二老亭"，还作诗赠苏轼，诗中写道：

暇政去旌旆，策杖访林丘。

人惟尚求旧，况悲蒲柳秋。

云谷一临照，声光千载留。

轩眉师子峰，洗眼苍龙湫。

路穿乱石脚，亭蔽重冈头。

湖山一目尽，万象掌中浮。

煮茗款道论，莫爵致龙优。

过溪虽犯戒，兹意亦风流。

龙井过溪亭
（赵辛摄）

龙井过溪亭
老明信片

自惟日老病，当期安养游。

愿公归廊庙，用慰天下忧。

苏轼也和诗道：

日月转双毂，古今同一丘。

惟此鹤骨老，凛然不知秋。

去住两无碍，人天争挽留。

去如龙出山，雷雨卷潭湫。

来如珠还浦，鱼鳖争骈头。

此生暂寄寓，常恐名实浮。

我比陶令愧，师为远公优。

送我还过溪，溪水当逆流。

聊使此山人，永记二老游。

大千在掌握，宁有别离忧。

　　诗中充分表达了两位挚友"煮茗款道论""永记二老游"的情意。苏轼与辩才的和诗真迹，现藏于台北故宫博物院，有极少量的日本二玄社制作的复制品流传市面，为后人所珍视。

　　从苏轼与辩才的诗作中，我们看到了他们重情重义、淡泊名利、相知互敬的品德，这与中国茶德亦是不谋而合。这两首诗同时也体现了他们"天人合一"的思想，主张二者和谐统一。他们认为，对待天地万物应采取友善、爱护的态度。启迪我们：天地万物

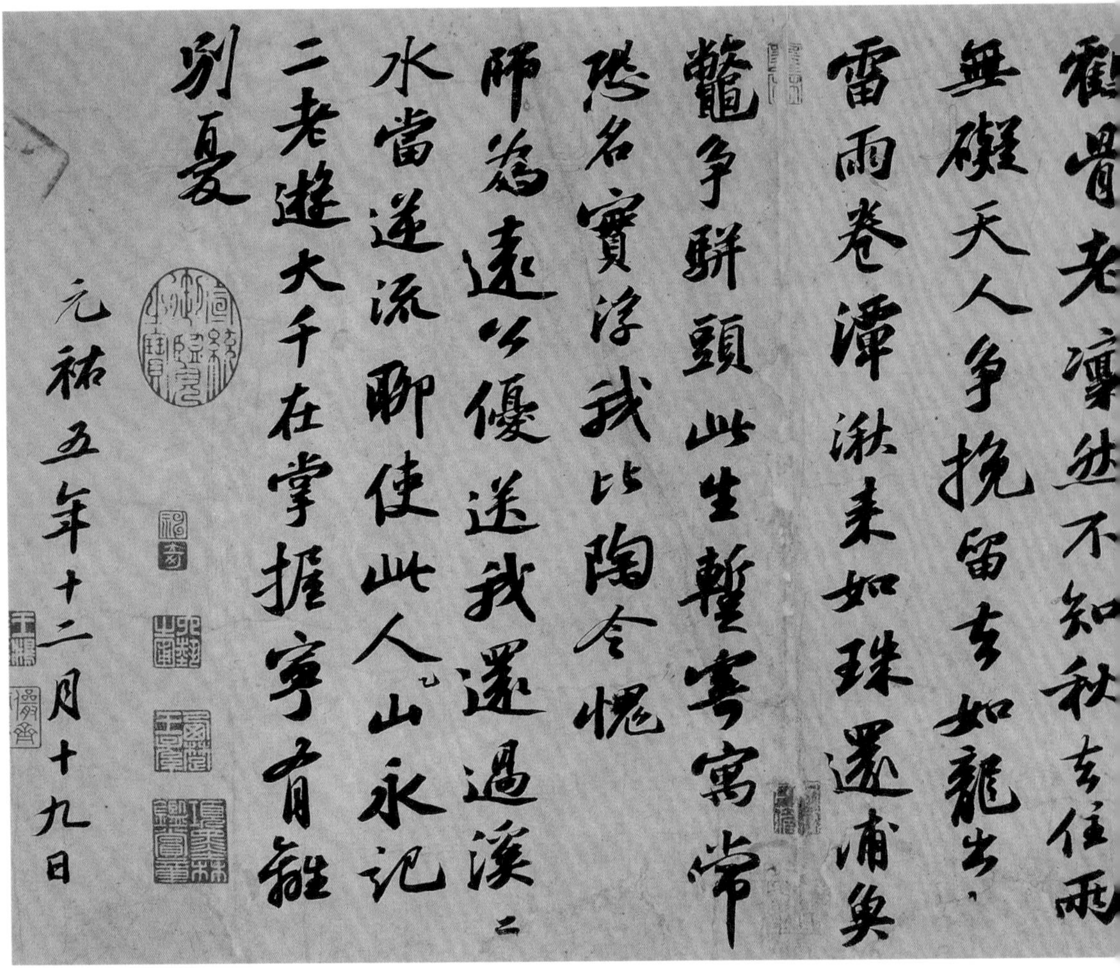

觀骨老□迸不知秋□住雨

無礙天人爭挽留□如龍出

雷雨卷潭湫未如珠還浦奥

籠予駢頭此生暫寄寓常

惚名實浮我比陶令愧

師為遠以優送我還過溪二

水當逐流聊使此人山永記

二老遊大千在掌握宇宙雜

別夏

元祐五年十二月十九日

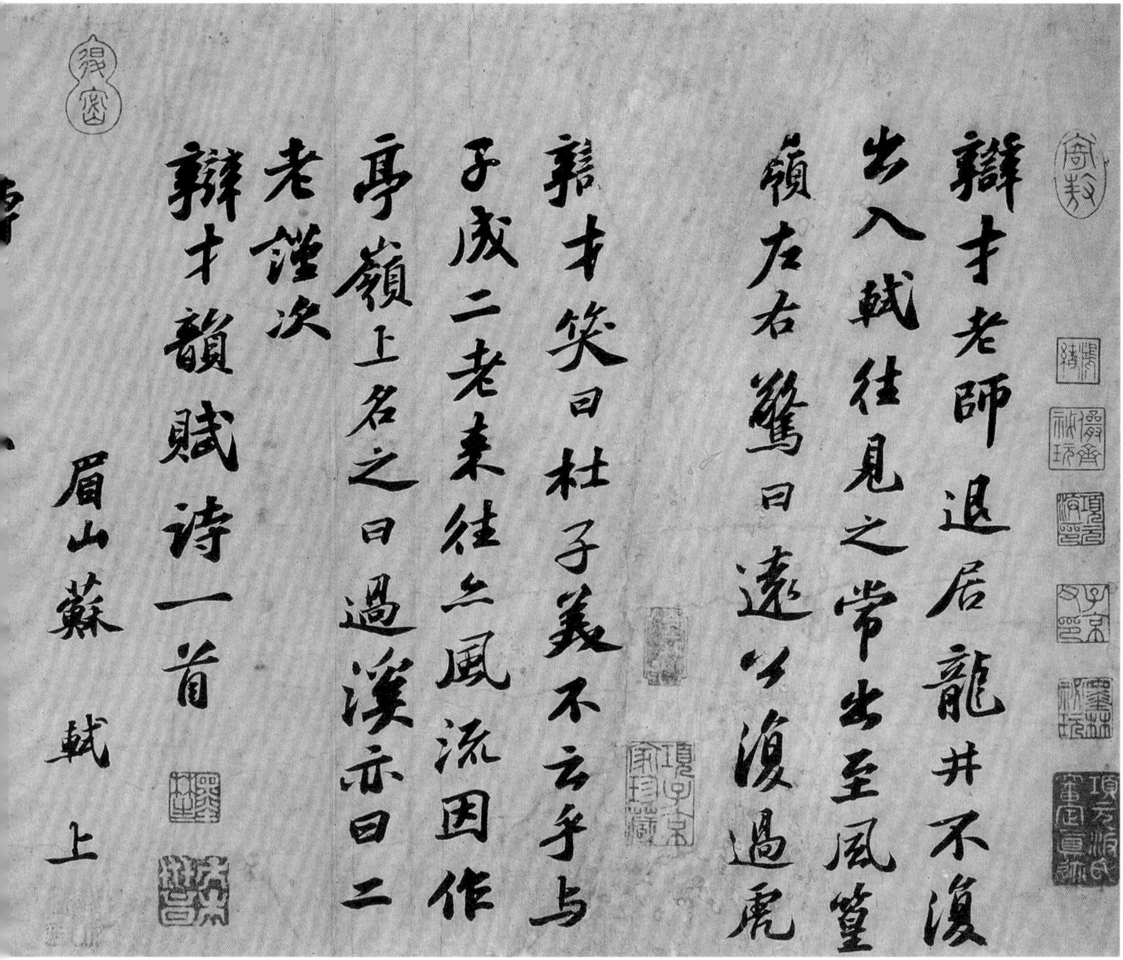

辩才老师退居龙井不复
出入轼往见之常出至风篁
岭左右惊曰远公复过虎
溪矣

辩才笑曰杜子美不云乎与
子成二老来往六风流因作
亭岭上名之曰过溪亦曰二
老谨次
辩才韵赋诗一首

眉山苏轼上

〔宋〕苏轼《次辩
才韵诗帖》

37

的自然资源是人类赖以生存的物质基础，如若随意破坏，浪费资源，就会损害自身。

茶是生长在深山幽谷间的珍木灵芽，它的天赋秉性是野和幽，这和儒家的隐逸生活有着天然的相通契合之处，同隐者的性格相近。满山遍地的茶园，既是天然的绿地，又是大自然带给人类的恩赐。从生态学上讲，茶园和草地、农田、果园一样依赖大自然而存在，有保持大自然自身的生态平衡、保持人和自然和谐发展的作用。

苏轼和辩才在老龙井相识相知的佳话，从某种意义上来讲，折射出杭州茶从天竺、灵隐慢慢发展并转移到老龙井的历史轨迹。

素瓷雅风
（许丹芬供图）

（五）余杭径山茶与径山茶宴

2015年10月，习近平主席访问英国，在欢迎晚宴的致辞中说："中国的茶叶为英国人的生活增添了诸多雅趣，英国人别具匠心地将其调制成英式红茶。中英文明交流互鉴不仅丰富了各自文明成果、促进了社会进步，也为人类社会发展作出了卓越贡献。"[1]

同样，在杭州举办的中日茶文化交流活动中，"余杭径山茶宴——日本茶道之源"的主题赫然在目。

日本茶道，是日本一种仪式化的为客人奉茶之事。据史料记载，日本茶道起源于中国，源头就是杭州余杭径山茶宴。

径山位于杭州市余杭区西部，五峰环抱，山上古树参天，风景秀丽，建有径山寺。唐天宝四年（745），法钦禅师至径山结庵，创建道场。永泰年间（765—766），法钦的法嗣崇惠去长安与方士竞法获胜。大历三年（768），唐代宗召法钦进京，赐号"国一禅师"，次年奉敕于径山建径山禅寺。后几经兴废，乾符六年（879），唐僖宗将之易名为"乾符镇国院"。宋大中祥符元年（1008），改名"承天禅院"。政和七年（1117），改名"能仁禅院"。径山禅寺原属牛头禅，南宋建炎四年（1130），丞相张浚延请大慧宗杲主持径山，众逾三千，大兴临济宗的宗风，道誉日隆，四海仰慕，被列为"五山十刹"之首。乾道二年（1166），

---

[1]《习近平晚宴致辞：中英双方应把握机遇，携手前行》，央广网，2015年10月21日。

宋孝宗游径山，御书"径山兴圣万寿禅寺"赐之。[1]

径山悠久的佛教文化、茶文化和诗文化，吸引了众多的茶客、学者、诗人以及海内外僧众信徒等前来寻踪觅迹、参禅礼佛。

蔡襄有《游径山记》（一作《记径山之游》）记述了北宋时的情景，文中说：

临安县之北鄙，直四十里，有径山在焉。山有佛祠，号曰承天祠。有碑籀述载，本初唐崔元翰之文，归登，书之石，今传于时云。始至山之阳，东西之径二。登自其西，壁绝襟绕，轿行百休。松桧交错，盘折蒙翳，寻丈之间，独闻语声。跻棱层，披翠蒨，尽十里许。下视来径，青虬蜿蜒，拚岩腾霄；且及其巅，峡束洞隐，几不容并行。已而内括一区，平林坦塈。四面五峰，如手树指。一峰南绝，卓为巨擘。屋盖高下，在掌中矣。其间小井，或云故龙湫也。龙亡湫在，岁率尝一来，雷雨暝曀，而乡人祠焉者憧憧然。环山多杰木，丝杉翠桱，千千万万，若神官苍士，联幢植葆，骈邻倚徒，沉毅而有待者。导流周舍，锵然璆然，若銮行佩趋而中节者。由西峰之北数百步，砭（一作屼）然巨石，屏张笏立，上下左右可再十尺，划而三之，若"川"字，隶文曰"喝石岩"。其石甚神。并傍岩被谷，修竹茂密，尝以契刀刻竹两节间，成"景祐三年十二月十五日"字云尔。由东径而往，坎窜为池，游鱼旷空。

[1] 洪昌文：《径山寺与径山茶宴》，载周峰主编《杭州历史丛编》之三《吴越首府杭州》，浙江人民出版社，1997年。

宋孝宗御题"径山
兴圣万寿禅寺"碑
（钱少穆摄影）

其西径东折，蹴南峰岭脰之间，平地砥然，盈亩而半。偃松一本，其高丈，其荫四之。横柯上竦，如芝孤生。松下石泓，激泉成沸，甘白可爱，即之煮茶。凡茶出北苑，第品之无上者，最难其水，而此宜之。偃松之南，一目千里，浙江之涛可挹，越岫之桂可攀。云驳霭褰，状类互出。若图画，虫蠹断裂，无有边幅，而隐显之物，尚可名指。群山属联，呈露冈脊，矫矫翼翼，咸自意气。若小说百端，欲圣智之亢，而不知其下也。临观久之，魁博通幽之思生焉。古人有言曰："登高能赋，可为大夫。"旨乎哉！予于斯见之矣。曷止大夫之为也！大凡言之，天邻地绝，山回物静，在处神巧，举可人意。虽穷冬阒寂，未睹夫春葩之荣，薰风之清，秋气之明，然取于予者犹在也。[1]

蔡襄曾任杭州知州,他的《茶录》写的是茶本身与茶器,而读《游径山记》的感触是环境与茶密不可分,文中"松下石泓,激泉成沸,甘白可爱,即之煮茶"等句即是明证,当他看到径山寺的奇景秀泉,想到的是"无上者"的茶,他笔下的"在处神巧,举可人意"也应该是指此处是品茶会友的最好境地。

再看看南宋名相周必大是怎样描述余杭径山环境的,他在《归庐陵日记》中写到游径山时说:

> 五月朔辛卯早,同贡之甥游径山,道过无相院、普净院,约四十五里至山下。雨作,饭于廨院。院后有玉乳泉,白称其名。肩舆上山,少休半山亭,弥望皆大杉,风雨过之,龙虎吟啸,令人耸然。自山脚至寺仅十里地,本龙湫,唐国一禅师化而居之,形势峻窄,屋宇层出,不足以容众。今大慧禅师宗杲为长老时,用意创千僧阁,遂为巨刹。旧无常住,云龙自打供,不许置田,其奉事龙神甚严。井在祠前,相传水通天目山。东坡所谓乞归洗眼者,此水也。斋粥不敢击木鱼,往尝误击,地裂鱼涌,以鱼龙为同类也。山多两足小蛇,不伤人,背有金缕,自腰以下纯青,云龙神眷属也。长老蕴衰来迓,同访黄世永文昌从政,遂见杲禅师于明月堂。

---

[1] 蔡襄:《游径山记》,载《蔡襄集》卷二十八,上海古籍出版社,1996年。

〔宋〕蔡襄《游径山记》(宋刻本)

壬辰黎明，同世永至含晖亭候日出，阴翳无所见，下视群山皆培塿也。食罢，乘山轿游白云庵、菖蒲田、喝石岩。又有凌霄亭，峻甚，不果游，此寺之后山也。归历僧寮作坊，轩窗栏槛间云气可掬。昨日自邑中来，望丛林在山半，即寺场也。若其山之最尊者，必能极目万里。

癸巳，同世永出寺门，步至南塔峰，眼界可亚含晖。连日冒岚气，又陪果禅师蔬食，遂作脾寒，薄暮大呕乃定。是夜，施主作水陆道场，二更就含晖请圣，衰老请观。圣灯闪烁，合离如曳，萤爝上下众峰之间，云龙神所化也。顷有人掩得之，盖木叶耳。请圣毕，迎入寺中，铙钹旗幡，鼓吹俳优，纷然前导，聋瞽俗士如此。昨日衰老以新到，具饭待果，予亦在坐，每食必献艺，支利物如州郡体，亦可笑也。

甲午，别果老下山。果令侍者了贤同世永送别无相院。未时抵余杭，小酌沈家，遂行，贡之甥送至岳庙前。晚宿彭坞口柴店，离县十五里。[1]

蔡襄、周必大的游记都很生动地描写了余杭径山在宋代的地理环境、寺院人文与径山茶文化的发展情况。由于当时径山离杭州城不远，加之当时中国茶的发展中心也在不太远的长兴（今属浙江）与宜兴（今属江苏），蔡襄、周必大游径山时已为名士，后又都成名相，二人皆为知名茶人，他俩用这么大篇幅来描写径山的自然人

---

[1] 周必大：《归庐陵日记》，载《全宋文》卷五一五五，上海辞书出版社、安徽教育出版社，2006年。

文且多赞誉肯定的语气，可以想象余杭径山茶当时的地位与影响。

据史书记载，到过径山的名人，唐代有李吉甫、崔玄亮，宋代有蔡襄、苏轼、苏辙、黄庭坚、陆游、范成大、晁无咎，元代有虞集、张羽，明代有周忱，等等。宋熙宁五年（1072）七月，苏轼在杭州通判任上，公余游径山寺，写了《游径山》诗，其中有云："道人天眼识王气，结茅宴坐荒山巅。"第二年八月，苏轼又游径山，作《再游径山》等诗。当年还有大批日本僧人到中国来拜师学佛，在寺庙学习佛法，其中就有不少到余杭径山来参禅、学茶道。日本学僧回国时，带去了径山的茶籽和种茶、制茶技术，同时带去供佛、待客等饮茶仪式，在日本推广传播，并慢慢地发展成为日本茶道。这种仪式就是径山茶宴，因此它是日本茶道之源，是中日文化交流的重要见证。

径山茶宴，诞生于江南禅院"五山十刹"之首的径山万寿禅寺，始于唐，盛于宋，流传至今，已有一千二百余年历史，是一种独特的饮茶待客之道。2011年，径山茶宴经国务院批准，被列入第三批国家级非物质文化遗产代表性项目名录。

径山妙高茶叶放生池基地（钱少穆摄影）

禅茶一味
（朱家骥摄影）

　　这种独特的饮茶仪式，既是由僧人、施主、香客共同参加的茶宴，又是品赏鉴评茶叶质量的斗茶活动。举行茶宴有一定的程式和专用茶具，僧客团团围坐，边品茶，边论道，边议事叙景。径山茶宴中斗茶、点茶法颇为考究，对烹茶、茶水、茶具的要求也很高。茶宴一般非接待上宾不举行。它体现了古老的禅茶礼仪，是中华禅茶文化和礼仪文化的重要组成部分，极具学术价值；其饮茶礼仪所展现的幽静雅致、意畅神清、品茶养心、斗茶逸趣和佛门禅意合一，可提升修行境界，且很有艺术价值。径山茶宴曾在径山失传甚久，20世纪80年代以来，在浙江茶界有识之士的持续努力下，古老的仪式又开始恢复起来，形成从张茶榜、击茶鼓、恭请入堂、上香礼佛、煎汤点茶、行盏分茶、说偈吃茶到谢茶退堂等严格而复杂的仪式程序。

　　从唐代茶与禅的结合，到五代吴越国杭州成为东南佛国，从唐代茶宴、茶集、茶会一般的待客礼仪，到宋徽宗讲究环境、讲究茶道茶艺的"文会"（参见《文会图》），一直到杭州余杭径山茶宴的兴盛，证明由于余杭径山与当时杭州的地理距离，余杭得天独厚的自然环境，以及历代文人名士对余杭径山的人文影响，佛教在杭州及径山有了很大的发展。特别是到了南宋，杭州成为全国政治、经济、教育、文化中心，堪称世界第一大都会，大量海外游人特别是日本、高丽等东南亚的僧人来华学佛，这让日渐由生活物质向精神追求发展的杭州茶受到越来越多人的青睐，让杭州茶与佛教的结合更为深入，让茶文化的内涵更加丰厚。余杭径山茶宴的出现，更反映了杭州茶随着中国茶的发展而发展。随着海外僧人入唐入宋参学，受中国茶文化在寺院佛学中的影响，他们被当时中国的禅学文化所吸引，便成了中国茶包括杭州茶走向世界的重要传播者。可见，余杭径山茶让杭州茶与茶文化走向了世界。

〔宋〕赵佶
《文会图》

（六）乾隆茶诗与十八棵御茶

清朝建立，清军入关，意味着游牧民族文化与农耕民族文化在此时日益融合。清代后期，西方各国在世界各地不停地进行殖民侵略，茶作为中国与西方贸易的主要商品，不可避免地变成了殖民主义掠夺的对象。清代还出现了日益精湛的"功夫茶"，饮茶和鉴赏水平不断提高，泡茶方法呈现了玻璃杯泡法、盖碗泡法、盖碗功夫茶泡法、小壶功夫茶泡法和大壶功夫茶泡法等百花齐放的局面。由于茶叶加工技术日臻完善，茶区面积进一步扩大，产量不断提高，绿茶、红茶、白茶、黄茶、青茶、黑茶这传统意义上的六大茶类在清代全部形成。当时，茶叶商品经济迅速发展，茶馆、茶庄林立，茶文化逐渐融入民间，走进寻常百姓生活，成为民间礼俗的一个组成部分。

杭州茶顺应明代清饮之风，为龙井茶的发展乃至成为中国名茶打下了坚实的地理自然基础与历史文化基础，清代则是龙井茶走向辉煌的时代。杭州茶自诞生之日起就与杭州的历史文化一脉相承，与中国茶发展、与中华传统文化和佛教文化息息相关。

杭州是国际风景旅游城市，了解杭州的人都知道"西湖十景"。而"西湖十景"自南宋以来闻名已久，但不同记载中，个别景目名称和排列次序有所不同。宋亡入元，西湖几乎湮废，"西湖十景"一度冷落萧条。至明代晚期，"西湖十景"才陆续有所恢复。清康熙三十八年（1699），南巡的康熙帝逐一品鉴南宋"西湖十景"，并且亲洒宸翰，一一题写了景名。康熙帝为十景题字后，地方官便将御笔所书景名，刻字立碑，并建亭恭护，成为十景所在地点的标志。尔后，乾隆帝在康熙帝"西湖十景"景名碑后，又赋"西湖十景"诗，并将所赋"西湖十景"诗分别镌刻于十景碑阴。两代帝王的御笔为"西湖十景"增色不少，使西湖名声大振，使得从南宋开始形成的西湖标志性景观——"西湖十景"更

乾隆御题"曲院风荷"诗碑

加名声远播。至今，"西湖十景"依然是西湖经典的象征。可以说，杭州西湖名声离不开这两位清帝的功劳。

同样，颇好"雅宜清致"的乾隆帝十分钟爱杭州茶。

杭州茶到了清代，已达发展迅猛、人文交融的鼎盛时期。令人称颂的是，它完成了从"团饼茶"向"散茶""芽茶"的过渡发展，完成了从"就茶论茶"向探究品味自然与人文相结合的茶生长环境、茶水关系及在茶水物质之上的茶文化境界的深化，完成了不同于传统而令人耳目一新的独特制茶工艺的嬗变，使杭州茶实现了"色、香、味、形"的完美结合，实现了真茶与真水的完美结合，实现了茶与茶德精神的完美结合，走向了茶与人文结合的顶峰。当然，清代历代帝王对龙井茶的推崇和钟爱，也为龙井茶迈向新的辉

煌带来了巨大的推动作用。

爱新觉罗·弘历（1711—1799），即清高宗，雍正十三年（1735）八月即皇帝位，年号乾隆。乾隆帝在位六十年，是中国历史上有所作为、注重文化的一位君主。他在位期间到处巡游，特别是六次南巡，饱尝了各地名茶美泉。他对于品茶鉴水独有所好，写下了不少咏茶诗篇。如果说宋徽宗赵佶是我国历代帝王中唯一写作茶叶专著的皇帝，那么清高宗弘历则是写作茶诗最多的一位。就杭州龙井茶而言，如果说明代朱元璋"罢造龙团"给龙井茶发展带来机遇是宏观推动的话，那么龙井茶在清代被列为贡品，皇帝亲自到茶区视察生产制作并作茶诗，那就是实际意义上的直接推动了。由于乾隆帝的钟爱和推崇，龙井茶的知名度得以快速提升，从清代开始名列众茶之首。清代杭州钱塘人陆次云《湖壖杂记·龙井》中就写道：

〔清〕郎世宁《乾隆皇帝大阅图》

其他产茶，作豆花香，与香林、宝云、石人坞、垂云亭者绝异。采于谷雨前者尤佳，啜之淡然，似乎无味，饮过后，觉有一种太和之气，弥沦乎齿颊之间。此无味之味，乃至味也，为益于人不浅，故能疗疾。其贵如珍，不可多得。

雍正《浙江通志》卷一百一《物产一·龙井茶》有按语："杭郡诸茶总不及龙井之产，而雨前细芽，取其一旗一枪，尤为珍品，所产不多，宜其矜贵也。"这"矜贵"之茶之所以能名扬天下，就是乾隆帝六次下江南，四次视察杭州茶区，品茶作诗起了关键性的作用。乾隆年间（1736—1795）敕编的《皇朝通志》卷一百二十对乾隆帝的御制西湖龙井诗作了统计：乾隆二十七年（1762），五言古诗3首，七言律诗1首，七言绝句6首；三十年（1765），五言律诗1首，七言律诗2首；四十五年（1780）、四十九年（1784），七言律诗各1首。

需要指出的是，乾隆帝对龙井茶的关注，早于他亲临龙井巡游之前。乾隆十六年（1751）第一次南巡，于三月到天竺，特意参观当地乡民采茶、制茶之法，并作《观采茶作歌》，对龙井茶的采摘、炒制、形状品质及茶农的辛苦都作了描述。乾隆帝于乾隆二十七年（1762）首次亲临龙井游赏时，在陶醉于"龙井八景"的优美景色之余，自然免不了品茶赋诗，其中《坐龙井上烹茶偶成》一首即为乾隆帝作龙井茶诗的名作：

老龙井
（赵辛摄影）

龙井新茶龙井泉，一家风味称烹煎。

寸芽生自烂石上，时节焙成谷雨前。

何必凤团夸御茗，聊因雀舌润心莲。

呼之欲出辩才在，笑我依然文字禅。

这首诗刻画了龙井茶配龙井泉这一独特的烹茶方式，论述了龙井茶的生长与采制时节，特别是高度评价了龙井茶的优良品质，更直接地认为龙井茶毫不逊色于著名的贡茶——产于今福建建瓯市凤凰山的北苑龙凤团茶。

龙井茶经过乾隆帝的品茗题诗，便成为清代名闻天下的杭州著名特产之一，龙井品茶也成为西湖龙井景观的一大特色。《大清一统志》卷二百十六载："龙井，在钱塘县风篁岭，本名龙泓，产茶最佳。"浙江平湖人沈初编撰于乾隆末年的《西清笔记》卷二又云："龙井新茶向以谷雨前为贵，今则于清明节前采者入贡为头纲。"可见，清明前采制的龙井新茶在乾隆后期已成为贡品，这或许也是流传至今的以明前龙井为贵的来历。

清末民初徐珂在《清稗类钞·饮食类·高宗饮龙井新茶》中记述："杭州龙井新茶，初以采自谷雨前者为贵，后则于清明节前采者入贡，为头纲。颁赐时，人得少许，细仅如芒。瀹之，微有香，而未能辨其味也。"

乾隆帝先后六次南巡到杭州（时辖海宁）的时间分别为：

乾隆十六年（1751）三月，初巡到杭州，阅兵观潮楼，临敷文书院，遍游西湖名胜；

乾隆二十二年（1757）二月，再巡到杭，阅水师操演于西湖；

乾隆二十七年（1762）三月，三巡到杭，复至海宁巡视海塘；

乾隆三十年（1765）闰二月，从海宁巡阅海塘后四抵杭州；

乾隆四十五年（1780）三月，至海宁观潮后五抵杭州，检阅水师于秋涛宫；

乾隆四十九年（1784）三月，至海宁阅视塘工后六抵杭州，诣圣因寺祭康熙帝神御。

乾隆帝在六次南巡中，四次到了杭州龙井茶区，分别是：

乾隆十六年（1751），乾隆帝第一次南巡到杭州时，在西湖天竺观看龙井茶的采摘和炒制后，作《观采茶作歌》诗一首：

火前嫩，火后老，惟有骑火品最好。

西湖龙井旧擅名，适来试一观其道。

村男接踵下层椒，倾筐雀舌还鹰爪。

地炉文火续续添，干釜柔风旋旋炒。

慢炒细焙有次第，辛苦工夫殊不少。

王肃酪奴惜不知，陆羽茶经太精讨。

我虽贡茗未求佳，防微犹恐开奇巧。

防微犹恐开奇巧，采茶揭览民艰晓。

乾隆二十二年（1757），乾隆帝第二次南巡杭州，游览了云栖胜景。汪孟锔在《龙井见闻录》中也有记："二十二年丁丑，圣驾南巡，幸云栖，御制《观采茶作歌》。"且诗题明明白白注着

梅山茶苑
（姚建心摄影）

龙坞茶村
（姚建心摄影）

"三月初二日"。全诗如下:

《龙井见闻录》
书影

前日采茶我不喜,率缘供览官经理。

今日采茶我爱观,吴民生计勤自然。

云栖取近跋山路,都非吏备清哗处。

无事回避出采茶,相将男妇实劳劬。

嫩芙新芽细拔挑,趁忙谷雨临明朝。

雨前价贵雨后贱,民艰触目陈鸣镳。

由来贵诚不贵伪,嗟哉老幼赴时意。

敝衣粝食曾不敷,龙团凤饼真无味。

举人出身的汪孟锅编纂《龙井见闻录》十卷呈御览,并在卷首恭录茶诗,本为祈望乾隆帝第二次南巡时能去龙井一游。乾隆帝在第一首《观采茶作歌》中有"西湖龙井旧擅名"之句,却未去龙井;第二次由风篁岭南下,"云栖取近跋山路",仍未去龙井,不免有点遗憾。果然,乾隆帝第三次南巡到杭州时首次去了龙井,时在乾隆二十七年(1762)。他观赏了龙井的风景名胜,作了《初游龙井志怀三十韵》,然后品尝了龙井泉水冲泡的龙井茶,即兴吟就《坐龙井上烹茶偶成》。

第四次到杭州茶区是在乾隆三十年(1765),他忘却不了三年前尝过的龙井茶和龙井泉,当时正是雨前时节,复又幸临龙井,吟成《再游龙井作》一首:

清跸重听龙井泉，明将归銮启华旗。

问山得路宜晴后，汲水烹茶正雨前。

入目景光真迅尔，向人花木似依然。

斯诚佳矣予无梦，天姥那希李谪仙。

乾隆帝第五、第六次南巡，都去了龙井，并均写下《游龙井作》《龙井八咏》等诗，可惜未见茶诗。据史料所载，除了当场写茶诗外，乾隆帝还有追忆龙井茶的诗作。如写于乾隆三十一年（1766）的《雨前茶》二首："新芽麦颗吐柔枝，水驿无劳贡骑驰。记得湖西龙井谷，筠筐老幼采忙时。""第一泉花活火烹，越瓯湘鼎伴高清。聂夷中句蓦然忆，新谷新丝合共情。"时隔三年后，即乾隆三十四年（1769），又写了《项圣谟松阴焙茶图即用其韵》："记得西湖灵隐寺，春山过雨烘晴烟。新芽细火刚焙好，便汲清泉竹鼎煎。"

从以上记载来看，乾隆帝应该是西湖龙井茶名闻天下的"形象代言人"，他六次下江南，其中四次到了杭州茶区并留下题咏，前面一次去了天竺，一次去了云栖一带，后两次去了龙井。分析乾隆帝到杭州茶区的顺序，也可以大致看出龙井茶的发展历程：乾隆帝第一次到的杭州茶区是天竺，是唐代陆羽《茶经》提到过的杭州老牌茶区，可以想象尽

清乾隆壬午年御画
《茶花》一幅

管乾隆时期龙井茶出名，但皇帝还是首先选择了天竺老茶区，并在观看天竺茶农采摘、炒制龙井茶后作诗，写到了"火前嫩，火后老，惟有骑火品最好。西湖龙井旧擅名，适来试一观其道"，写出了游览老茶区、品尝新名茶的真实感受。第二次到了云栖一带，到了老龙井的外围，可以说是杭州茶的新茶园，考察茶区以后，他留下了"前日采茶我不喜……今日采茶我爱观……云栖取近跋山路，都非吏备清跸处"的诗句，可见当年要到龙井还是很不容易的。值得注意的是，乾隆帝的这首诗中不像第一次到天竺茶区只是提到"陆羽茶经太精讨"，而是更直接地提出了"龙团凤饼真无味"。皇帝说"龙团凤饼"真无味，用现代眼光分析，这是对中国茶的发展提出了新要求。可以想象中国茶经历宋、元、明，"龙团凤饼"的没落可以说是大势所趋。但历史上新事物的诞生往往需要很大的推动力，皇帝说"龙团凤饼真无味"，反映了他当时渴望中国茶

清代龙井寺图

在传统制作的基础上有新的突破。乾隆帝第三次考察杭州茶区，是到了龙井，从他的诗中我们看到他喝了用龙井泉水冲泡的龙井茶，他看到了"寸芽生自烂石上"的龙井茶生长环境，也许是在龙井这个茶文化深厚的茶区，他不说"龙团凤饼真无味"一类的话，而是用了"何必凤团夸御茗，聊因雀舌润心莲"来赞誉龙井茶，让人倍感亲切。与前两次不同的是，他还在诗中留下了"呼之欲出辩才在，笑我依然文字禅"的感受，说明皇帝不仅被龙井的好茶好水吸引了，更被龙井深厚的茶文化感动了。而第四次去龙井，他写下的"问山得路宜晴后，汲水烹茶正雨前"，更是他从看、识到向往、难忘的真实感受。可以想象，皇帝都这样钟情龙井茶、钟情龙井茶区、钟情龙井文化，龙井茶和龙井茶区要出名，自然是情理之中的事了。

乾隆帝四次深入杭州茶区并吟咏，这在杭州茶史上可以说是史无前例的，对杭州茶来说是一笔巨大的文化遗产。确实，乾隆帝是茶叶专家，"火前嫩，火后老，惟有骑火品最好"，知道茶叶制作工艺的人都知道"龙团凤饼"没有这种要求。这种"火前嫩，火后老"的工艺反映了中国茶到清代，就茶叶自身发展的程度看，是在明代茶叶制作工艺基础上的革新，更加完善了对茶叶"色、香、味、形"创新工艺的要求，对茶叶的外观形状、炒制工艺要求已经达到一个全新的高度。乾隆帝从第一次到天竺、第二次到云栖一带，两次去的两个地方，正是杭州茶发展过程中两个不同时期的产地。天竺是杭州茶发展的源头区，而云栖则是杭州茶发展的中转区。再分析乾隆帝到云栖所作的茶诗，"前日采茶我不喜……

龙井问茶
（陈曼冬供图）

今日采茶我爱观"，很直白地表示他喜欢新茶区，新茶区的环境令他"爱观"。乾隆帝真正到龙井核心茶区参观，是在到云栖茶区相隔五年后。这次他去了龙井，又作了新诗《坐龙井上烹茶偶成》，"龙井新茶龙井泉"，乾隆帝讲这里不仅仅有好茶，还有好水。在清代以前，有不少人提及茶与水的关系，中国也确实有不少出好茶的地方，但是像杭州茶区既有龙井好茶，又有龙井、虎跑好水的，这在国内也是屈指可数的。杭州茶区这种得天独厚的好茶佳泉完美结合的条件，实属天下难得。乾隆帝还写到"寸芽生自烂石上"，这与陆羽《茶经》中提到的"上者生烂石""笋者（即未萌发的茶芽）上"观点是一脉相承的，"寸芽"对生长环境和采摘要求极高。乾隆帝第一次到杭州茶区作诗"火前嫩，火后老"，到第二次"今日采茶我爱观"，到第三次"龙井新茶龙井泉"，可见他对杭州茶的历史了如指掌，三次到杭州茶区所作的诗，写出了他不同的感受、不同的认识和不同的企盼。第四次再到龙井茶区，他更直白地写出"斯诚佳矣予无梦，天姥那希李谪仙"的感叹。从识茶爱茶、爱茶生长的环境、爱茶与人文历史交融的意境，到寄寓人的美好追求，乾隆帝的诗作为后人留下了中国茶在清代的美好篇章，这珍贵的茶文化遗产与杭州西湖山水的历史文化遗产相融相存，为杭州茶增添新的光彩。

据程淯《龙井访茶记》记载，乾隆帝到了杭州龙井茶区，还在那里亲自栽种十八棵茶树。他在记文中这样写道：

龙井以茶名天下，在杭州曰本山。言本地之山，产此佳品，旌之也。然真者极难得，无论市中所称本山，非出自龙井；即至龙井寺，烹自龙井僧，亦未必果为龙井所产之茶也。盖龙井地既隘，山峦重叠，宜茶地更不多。溯最初得名之地，实惟狮子峰。距龙井三里之遥，所谓老龙井是也。高皇帝南巡，啜其茗而甘之，上蒙天问，则王氏方园里十八株，荷褒封焉。李敏达《西湖志》称：在胡公庙前，地不满一亩，岁产茶不及一斤，以贡上方。斯乃龙井之冢嫡，厥为无上之品。山僧言：是叶之尖，两面微缺，宛然如意头。叶厚味永，而色不浓。佳水瀹之，淡若无色。而入口香冽，回味极甘。其近狮子峰所产者，逊胡公庙矣，然已非他处可及。今所标龙井茶，即环此三五里山中茶也。辛亥清明后七日，余游龙井之山。时新茶初苗，绽展一旗，爰录采焙之方，并栽择培溉之略。世有卢陆之嗜，宜观其记。

文中所讲到的乾隆帝所栽的"十八棵御茶"确切位置在胡公庙前，即老龙井寺，在风篁岭下落晖坞。乾隆帝选择在当年苏轼与辩才法师品茗论道之处亲手栽种"十八棵御茶"，而且在这里还有宋代著名清官胡则的墓和辩才法师的佛塔，可以想象龙井茶在当时的地位。这不但种的是茶，而且种的是杭州茶文化。

有关"十八棵御茶"，民间传说更动人。相传乾隆年间，五谷丰登，国泰民安，乾隆帝不爱坐守宫中而好游天下。有一天，他乘南巡杭州，游览西湖后，想去看看平时最爱喝的龙井茶的茶树。乾隆帝一发话，忙坏了手下臣子和当地官员，忙坏了龙井茶最正宗产地旁边胡

十八棵御茶
（鲁南摄影）

公庙的当家和尚，因为要安排皇帝在胡公庙里休息喝茶。

第二天，乾隆帝在大小官员的簇拥下巡游了狮峰山。一路上满山的茶园，清澈的溪水，只见群山环抱的茶丛里，村姑们背着茶篓不停地忙着采茶，到处是鸟语花香。乾隆帝为茶区的景色所陶醉，久久徘徊在青山茶园之间，直到太监几次催请，才进了胡公庙。

刚坐下，当家和尚就恭恭敬敬地端上明前西湖龙井茶，乾隆帝一看，汤色嫩绿，茶芽挺立，茶香扑鼻，啜饮口中，甘香生津，口齿留芳，便问和尚："此茶何名？如何栽制？"和尚奏道："此乃西湖龙井茶中之珍品——狮峰龙井，是用狮峰山上茶园中，在清明节前采摘的嫩芽炒制而成。"听了禀告，喝了茶，乾隆帝提议还要看看村姑如何采茶。他在茶园看了一会儿村姑采茶，又重返胡公庙，忽然发现庙前的十多棵茶树芽梢齐发，似雀舌初展，心中自是欢喜，便一时兴起，学着村姑采茶的样子顺手采摘起茶来。正当他兴趣渐浓的时候，忽有太监禀报："皇太后有疾，请皇上急速回京。"乾隆帝一听急了，也就随手把采下的茶芽放进了自己的衣袋里，火速返回京城去了。不几日，他们便回到皇宫。其实皇太后亦无大病，只是山珍海味吃多了，肝火过旺，眼睛红肿，看到皇帝回来看她了，病也好了几分，便问皇帝在外情况。言谈之间，皇太后忽然闻到一阵清香，便问："从杭州带来了什么好东西，那么香？"乾隆帝心想，当时急着赶回京城，根本未给母后带礼品，但细细一闻，确有一股清香，用手一摸，正是那天在狮峰山采下的一把茶叶，几天过去，已经有点干了。他一边从口袋中取出茶叶，一边对皇太后说："这是我亲手采下的杭州狮峰山龙井茶叶。""哦，这茶真香！我这几天嘴巴无味，快把茶泡来给我喝。"听了母后的话，乾隆帝赶紧让宫女把龙井茶冲泡起来。皇太后接过香茶，慢慢品饮，说来也怪，她喝了乾隆帝从龙井采来的茶后，感到特别舒服，身体也渐渐好了起来，就高兴地告诉乾隆帝："儿啊，你从杭州龙井狮峰山摘来的是仙茶啊，真有点像灵丹妙药，娘的病也被治好啦！"乾隆帝听了自是高兴，并传旨封他在胡公庙前采摘过的茶树为御茶树，要求派专人看管，每年采制送京，专供皇太后享用。胡公庙前一共有十八棵茶树，从此就被后人称为"十八棵御茶"。

民间传说尽管有点夸张，但因为乾隆帝确实到过胡公庙，茶叶也确实能防治些小毛病，这个故事就一直在民间流传。

现在的老龙井、胡公庙、十八棵御茶，既是茶区，又是风景区，史料的记载为这个杭州茶的胜地增添了人文的色彩，民间的传说给早已名闻遐迩的龙井茶又增加了传奇的情趣。

今天，人们将当年皇帝亲自栽种的龙井茶用考究的花岗岩做成围栏围了起来，并称之为"十八棵御茶"；在宋代清官胡则的墓旁修建了胡公亭，镌刻上新中国第一代领导人毛泽东"为官一任，造福一方"的题词；在胡则墓向南不远处有苏辙撰写塔铭的辩才佛塔，与四周茶树丛生的茶山连在一起。这便是杭州不断积淀、不断丰富的茶文化。

用今天的眼光看，龙井由于地处西湖景区的核心地区，随着知名度的日益提高，不仅是著名的茶区，也逐渐成了旅游的胜地。清

中国茶叶博物馆龙井
馆区（王毅摄影）

末民初，杭州有许多对老龙井的介绍，且一改前人风格，将它作为风景旅游点推介，使得老龙井、狮峰山这个历史悠久的杭州茶区渐渐地融入杭州西湖风景名胜区的行列，成为中国茶都一处茶与文化完美结合的旅游热点。身处其中，你会发现杭州茶与杭州风景真的是相通相融的，清香隽永，回味无穷。

（七）《儒林外史》中的杭州茶俗

说《儒林外史》，先简单介绍一下《儒林外史》中常讲到的场景地——杭州吴山。

吴山，与外地游客如织的西子湖畔迥然不同，它是杭州市民游乐休闲的好去处。吴山虽身处杭州城区，但外地游客却容易忽视它，因为它的很多古迹名胜都隐藏在丛林中。吴山是杭州的城中之山，位于西湖东南，是西湖群山延伸进入城区的成片山岭。天目山余脉之于杭州，在西湖北岸形成葛岭、宝石山，在西湖东南岸就是吴山。

当西湖还是与钱塘江相通的一个浅海湾时，吴山和宝石山曾是怀抱这个海湾的两个岬角。它们南北对峙，随波浮沉，后来平陆抬

雅韵清幽的茶馆
（朱家骥摄影）

升，逐渐形成现在的杭州城。吴山就像一只梭镖，嵌入杭州城内。古时渔民下海捕鱼，常在山上晾晒渔网，习称晾网山。春秋时成为吴、越两国之间的天然屏障，又称吴山。

吴山山势起伏，绵亘数里，伸入市区，雄浑之江奔腾于南，明媚西湖辉映于北。东边曾是南宋都城的天街御道，朱门绮户，直达凤阁丹墀的皇城。北面则是通往柳浪闻莺的河坊街，商铺店号，鳞次栉比，市列罗绮、互盈珠玑的繁华就堆陈在吴山脚下。登临吴山览胜，左湖右江，前街后市，湖光山色，街市城景，尽收眼底。

吴山的现有标志性建筑城隍阁，是七层仿古楼阁式建筑，高41.6米，整体造型上融入了元、明两代的建筑风格。整幢建筑表现出凌空飞升的气势，象征凤凰展翅翱翔和仙山琼阁的高远意境，令人联想起西湖明珠"龙飞凤舞到钱塘"的美妙传说。

吴山自古有五多——古树清泉多，奇岩怪石多，祠庙寺观多，乡风民俗奇情多，名人遗迹故事多，增添了万般风韵。

再来看吴敬梓《儒林外史》[1]中的杭州西湖山水与杭州的茶俗。吴敬梓（1701—1754），一生经历挫折，社会地位因家庭的败落而下降，与社会各阶层人物有着广泛接触。由于他受到先进思想的影响，对社会有较深刻的认识，他的《儒林外史》可以看成是18世纪中国一幅活生生的风貌图。鲁迅先生曾在《中国小说史略》中说过："《儒林外史》所传人物，大多实有其人，而以象形谐声和廋词隐语寓其姓名。"可见《儒林外史》的内容描写是非常

---

[1] 吴敬梓：《儒林外史》，人民文学出版社，1958年。

翔实的。细读《儒林外史》，在作者众多的描写中，有许多有关杭州茶事茶俗的描写，且精彩纷呈。

晚清时期，封建王朝日趋腐朽没落，西方列强用大炮打开了中国的国门，经济凋敝，政局动荡，茶馆成了悲观消极的人虚度时光的重要场所。吴敬梓用他的笔触淋漓尽致地描写了当时人们的生活和生活中的茶，从一定意义上展示了茶与时人精神风貌的关系，为我们留下了那个时代杭州茶的历史画卷。

杭州的茶与西湖的山水紧密相连，与西湖名胜交相辉映，与杭州历史文化名城的地位息息相关。吴敬梓在《儒林外史》第十四回中对西湖和西湖周边的茶这样写道：

> 这西湖乃是天下第一个真山真水的景致！且不说那灵隐的幽深，天竺的清雅，只这出了钱塘门，过圣因寺，上了苏堤，中间是金沙港，转过去就望见雷峰塔；到了净慈寺，有十多里路，真乃五步一楼，十步一阁。一处是金粉楼台，一处是竹篱茅舍，一处是桃柳争妍，一处是桑麻遍野。那些卖酒的青帘高扬，卖茶的红炭满炉，士女游人，络绎不绝，真不数"三十六家花酒店，七十二座管弦楼"。

历代文人对杭州对西湖的描写往往离不开茶，在写茶的时候也往往离不开西湖山水，离不开杭州的民俗风情，茶自然而然成了杭州城市社会、经济发展的写照。这一点在《儒林外史》中表现得尤为突出。在吴敬梓的笔下，茶与社会已经到了难以分割的地步，茶

城隍阁夜景
（韩盛摄影）

馆成了社会政治、经济、文化的缩影。如果说南宋《梦粱录》中茶肆、分茶酒店的繁复，折射的是当时中国社会的经济发达、文化昌盛，那么《儒林外史》作者对西湖山水与茶的描写折射的是茶与市民生活、与城市经济文化已经到了密不可分的地步，反映的是杭州茶已是杭州市民生活的重要组成部分。"那些卖酒的青帘高扬，卖茶的红炭满炉，士女游人，络绎不绝，真不数'三十六家花酒店，七十二座管弦楼'"，这是杭州茶当时的真实写照。

吴敬梓的《儒林外史》写到的茶是那个时代的杭州茶，茶与当时杭州政治、经济的关系绝不会是静止的、孤立的。小说中所描写的杭州茶是当时杭州社会的一个缩影，也是中国茶的一段历史印记。

茶馆是杭州这座城市中的一大亮点，杭州茶与西湖山水相依相连更是这座城市的特点。有人说茶馆是小社会，它不仅展示政治、经济，也展示风俗、物产等文化。《儒林外史》第十四回中写道：

> 出来过了雷峰，远远望见高高下下，许多房子，盖着琉璃瓦，曲曲折折，无数的朱红栏杆……前前后后跑了一交，又出来坐在那茶亭内——上面一个横匾，金书"南屏"两字，——吃了一碗茶。柜上摆着许多碟子：橘饼、芝麻糖、粽子、烧饼、处片、黑枣、煮栗子。马二先生每样买了几个钱的，不论好歹，吃了一饱。……第三日起来，要到城隍山走走，城隍山就是吴山，就在城中，马二先生走不多远，已到了山脚下。望着几十层阶级，走了上去，横过来又是几十层阶级，马二先生

一气走上，不觉气喘。看见一个大庙门前卖茶，吃了一碗。进去见是吴相国伍公之庙。……又转过两个湾，上了几层阶级，只见平坦的一条大街，左边靠着山，一路有几个庙宇；右边一路，一间一间的房子，都有两进。屋后一进，窗子大开着，空空阔阔，一眼隐隐望得见钱塘江。那房子，也有卖酒的，也有卖耍货的，也有卖饺儿的，也有卖面的，也有卖茶的，也有测字算命的。庙门口都摆的是茶桌子。这一条街，单是卖茶就有三十多处，十分热闹。

吴山上不长的小街就有几十处卖茶的，说明杭州卖茶的不仅城中街道上多，就连城区的山上也多，这种测字算命、卖饺儿、卖耍货又卖茶的"市集"近似于南宋的瓦子、茶肆的混合体，不同的是环境更幽静了，在山上不仅能看到城市风貌，还能看到钱塘江，看到杭州江、湖、城相交融的特定地理环境。

杭州茶走过宋代，特别是经历了南宋形形色色的茶室以后，看得出已从繁复的茶酒店发展成与真山真水自然结合的饮茶处。在西湖边的茶馆里，不仅有茶，还有丰富的茶点，如橘饼、芝麻糖、粽子、烧饼等。吴敬梓笔下的杭州茶，随着时代的发展，变得更加清闲、更富品质，也更趋向大众化、平民化。

除描写茶与杭州西湖、钱塘江的关系外，将茶与人物的形象、思想、情态结合起来描述，是吴敬梓小说的一个重要表现手法。透过这些描述，展示的是杭州茶与那个时代社会、经济、文化及百姓生活密切相关的更广阔的场景。书中写道：

茶点·传统绝配
（朱家骥摄影）

　　马二先生正走着，见茶铺子里一个油头粉面的女人招呼他吃茶，马二先生别转头来就走，到间壁一个茶室泡了一碗茶，看见有卖的蓑衣饼，叫打了十二个钱的饼吃了，略觉有些意思。走上去，一个大庙，甚是巍峨，便是城隍庙，他便一直走进去，瞻仰了一番。过了城隍庙，又是一个湾，又是一条小街，街上酒楼、面店都有，还有几簇新的书店。店里贴着报单，上写："处州马纯上先生精选《三科程墨持运》于此发卖"。马二先生见了欢喜，走进书店坐坐，取过一本来看，问个价钱，又问："这书可还行？"书店人道："墨卷只行得一时，那里比得古书？"

熟悉杭州的人都知道，吴山顶上小街，不过百来米长，单卖茶就有三十多处，恐怕现在也没有这么热闹。茶馆从闹市开到吴山，反映的是杭州茶的发展动向与趋势，反映的是杭州茶与人们生活联系的密切程度。另外，文中有女子招呼喝茶的细节，又有点像南宋的"人情茶肆"和"花茶坊"（吴自牧《梦粱录》卷十六《茶肆》）了。在作者笔下，吴山几乎成了杭州城市的大茶馆。

《儒林外史》第十四回接着写道：

> 马二先生起身出来，因略歇了一歇脚，就又往上走。过这一条街，上面无房子了，是个极高的山冈，一步步去走到山冈上，左边望着钱塘江，明明白白。那日江上无风，水平如镜，过江的船，船上有轿子，都看得明白。再走上些，右边又看得见西湖、雷峰一带，湖心亭都望见，那西湖里打鱼船，一个一个，如小鸭子浮在水面。马二先生心旷神怡，只管走了上去，又看见一个大庙门摆着茶桌子卖茶，马二先生两脚酸了，且坐吃茶。吃着，两边一望，一边是江，一边是湖，又有那山色一转围着，又遥见隔江的山，高高低低，忽隐忽现，马二先生叹道："真乃'载华岳而不重，振河海而不泄，万物载焉'！"吃了两碗茶，肚里正饿，思量要回去路上吃饭，恰好一个乡里人捧着许多烫面薄饼来卖，又有一篮子煮熟的牛肉，马二先生大喜，买了几十文饼和牛肉，就在茶桌子上尽兴一吃。

一边喝茶一边赏景，而且是左边望着钱塘江，右边又看得见西湖、雷峰一带及湖心亭，这时马二先生一改之前的神情，而是心旷神怡，发出了"载华岳而不重，振河海而不泄，万物载焉"的感叹。

相比于吴自牧《梦粱录》对当时杭州茶的描写，吴敬梓《儒林外史》的描写则更多了茶与杭州西湖风景、喝茶人心境的关系。《梦粱录》大多是对茶及与茶相关联的茶馆的类别功能、环境布置，茶的风俗，茶具、茶点、茶食等配套的描写，而《儒林外史》则是对茶与杭州西湖风景大环境有机结合的描写，是对茶与世态炎凉、茶与人的心境等关系的描写。《儒林外史》对茶的描写，展示的是更大的社会空间、更全的社会面貌、更多的杭州特定环境，以及茶与人的生活密切关联的风情。再看《儒林外史》第二十二回中的描写：

茶馆·古香古色
（朱家骥摄影）

第二日清早，卜诚起来，扫了客堂里的地，把囤米的折子（按：用以贮藏粮食的芦囤）搬在窗外廊檐下；取六张椅子，对面放着；叫浑家生起炭炉子，煨出一壶茶来；寻了一个捧盘，两个茶杯，两张茶匙，又剥了四个圆眼，一杯里放两个，伺候停当。

《儒林外史》第二十二回中描写的是城中一户人家在接待一位县令的过程中表现出的茶与人情、茶与礼仪的关系。能放六张椅子的客堂，可以说不是一般的人家了，有捧盘、茶匙，又剥了圆眼（即桂圆），一杯里还放两个，这更不是普通人家泡茶的架势。

卜信捧出两杯茶，从上面走下来，送与董孝廉。董孝廉接了茶，牛浦也接了。卜信直挺挺站在堂屋中间。牛浦打了躬，向董孝廉道："小价村野之人，不知礼体，老先生休要见笑。"董孝廉笑道："先生世外高人，何必如此计论？"卜信听见这话，头脖子都飞红了，接了茶盘，骨都着嘴进去。……牛浦送了回来，卜信气得脸通红，迎着他一顿数说道："牛姑爷，我至不济，也是你的舅丈人、长亲！你叫我捧茶去，这是没奈何，也罢了。怎么当着董老爷臊我？这是那里来的话！"牛浦道："但凡官府来拜，规矩是该换三遍茶，你只送了一遍，就不见了，我不说你也罢了，你还来问我这些话！这也可笑！"

泡茶（姚建心摄影）

闻香（姚建心
摄影）

品茗（姚建心
摄影）

这里描述了客来送茶的场面，先是送茶走的方向搞错了，接着按礼要换三遍茶，但送茶人却不见了，引起了主人当着客人的面数落送茶的家人，更确切地说是数落长辈，从而引发了家庭冲突。客来敬茶是中国人的传统，但在这里，茶中要加两个圆眼，官府来客送茶时，不能从客人背后上茶，上了茶要换三遍，是因为这些规矩没做到位，导致舅丈人也遭数落。可见当年杭州茶与茶的礼仪在市民生活中的普及程度和重视程度，严格地说，当时茶在精神上的意义已远远超过物质上的作用。

再看：

卜诚道："姑爷，不是这样说，虽则我家老二捧茶，不该从上头往下走，你也不该就在董老爷跟前洒出来！不惹的董老爷笑！"牛浦道："董老爷看见了你这两个灰扑扑的人，也就够笑的了，何必要等你捧茶走错了才笑！"卜信道："我们生意人家，也不要这老爷们来走动！没有借了多光，反惹他笑了去！"牛浦道："不是我说一个大胆的话，若不是我在你家，你家就一二百年也不得有个老爷走进这屋里来。"卜诚道："没的扯淡！就算你相与老爷，你到底不是个老爷！"牛浦道："凭你向那个说去！还是坐着同老爷打躬作揖的好，还是捧茶给老爷吃，走错路，惹老爷笑的好？"卜信道："不要恶心！我家也不希罕这样老爷！"牛浦道："不希罕么？明日向董老爷说，拿帖子送到芜湖县，先打一顿板子！"两个人一齐叫道："反了！反了！外甥女婿要送舅丈人去打板子！是我家

养活你这年把的不是了！就和他到县里去讲讲，看是打那个的板子！"牛浦道："那个怕你！就和你去！"当下两人把牛浦扯着，扯到县门口。知县才发二梆，不曾坐堂。三人站在影壁前，恰好遇着郭铁笔走来，问其所以。卜诚道："郭先生，自古'一斗米养个恩人，一石米养个仇人'，这是我们养他的不是了！"郭铁笔也着实说牛浦的不是，道："尊卑长幼，自然之理。这话却行不得！但至亲间见官，也不雅相。"当下扯到茶馆里，叫牛浦斟了杯茶坐下。……当下吃完茶，劝开这一场闹，三人又谢郭铁笔。郭铁笔别过去了。

清茗伴小点，芳气满闲轩（朱家骥摄影）

　　因为上茶没有从客人面前送，上了茶没有换三遍，不符合规矩，所以等客人一走，即爆发家庭内部的舌战。精彩的对话是因茶而起，激烈的争辩由茶礼上升到了人格品质的体现，为了茶礼，为了人格，居然与亲舅丈闹到了县衙门，让因茶礼而发生的矛盾达到了高潮，倒是郭铁笔的一番话让大家又在茶馆坐了下来，接着用茶化解了这场几近打官司的家庭矛盾。这回故事围绕茶展开，又紧扣茶结束，扣人心弦，展示了那个时代的杭州茶在社会中的地位、作用与影响。《儒林外史》用了"戚而能谐，婉而多讽"的艺术手法，通过茶和茶馆中的人与事来展开故事情节。

　　从茶馆与环境，到茶与相关的茶点、茶具，再到茶的风俗礼仪，《儒林外史》给我们展示了波澜壮阔的杭州茶的历史风采，而且还从开茶馆茶人的经历更深层次地揭示了杭州茶的发展前景。《儒林外史》第五十五回中描述的市民开茶馆的过程，则体现了那个时代杭州茶发展的艰难情形：

　　　　又过了半年，日食艰难，把大房子卖了，搬在一所小房子住。又过了半年，妻子死了，开丧出殡，把小房子又卖了。可怜这盖宽带着一个儿子、一个女儿，在一个僻净（静）巷内，寻了两间房子开茶馆。把那房子里面一间与儿子、女儿住；外一间摆了几张茶桌子，后檐支了一个茶炉子，右边安了一副柜台；后面放了两口水缸，满贮了雨水。他老人家清早起来，自己生了火，扇着了，把水倒在炉子里放着，依旧坐在柜台里看诗画画。柜台上放着一个瓶，插着些时新花朵，瓶旁边放着许多古书。他家各样的东西都变卖尽了，只有这几本心爱的古书是不肯卖的。人来坐着吃茶，他丢了书就来拿茶壶、茶杯。茶馆的利钱有限，一壶茶只赚得一个钱，每日只卖得五六十壶茶，只赚得五六十个钱。除去柴米，还做得甚么事。

书中说"在一个僻净巷内，寻了两间房子开茶馆。……两口水缸，满贮了雨水"，讲到了开茶馆的环境，讲到了茶馆泡茶用的水。掌柜的"坐在柜台里看诗画画。柜台上放着一个瓶，插着些时新花朵，瓶旁边放着许多古书。他家各样的东西都变卖尽了，只有这几本心爱的古书是不肯卖的"，不难看出这是个几近潦倒的传统文人，他开的茶馆尽管小，但对品茶的环境、泡茶的水、茶馆的文化内涵都十分讲究，折射出杭州茶的文化含量。"一壶茶只赚得一个钱，每日只卖得五六十壶茶，只赚得五六十个钱。除去柴米，还做得甚么事"，都到了只有维持饥饱的地步，心爱的古书依然不肯卖，这是骨子里的茶，骨子里的茶文化，既是杭州茶与茶文化不断发展的历史见证，也是杭州茶与茶文化不断发展的坚实基石。

吴敬梓用描写世态的笔触，自觉与不自觉地写到了杭州茶与杭州的山水，与杭州历史文化名城的地位，与杭州江、城、湖的特定地理环境，写到了当时社会与人的方方面面，今天看来依然可见它所描写的是杭州茶与那个时代的百姓生活与文化精神，是有血、有肉、可读、可看的茶的民俗史。它所反映的是当时整个社会的时局，不仅让人看到了日常生活中的茶，看到了日常生活中茶成为礼仪、追求人的品格所反映的现实，看到了茶发挥着劝闹生和的社会功能，看到了茶成了人们生活中必不可少的物质和精神追求。从文学作品的角度看《儒林外史》描述的杭州茶的发展，是一曲以民俗为基调的杭州茶事的民歌，它让人看到了茶文化随着社会发展、茶的发展而发展，这种发展已深入到最广大民众的普通生活中，深入到伦理习俗的方方面面。

　　《儒林外史》所反映的是杭州晚清的茶情，是杭州茶发展的重要史料。

茶馆·诗书茶里是清欢（朱家骥摄影）

（八）汪庄历史见证杭州茶发展

汪庄位于西湖南屏山雷峰北麓，突出湖面，三面临湖。庄内亭阁高耸，楼台飞檐，假山重叠，石笋林立，绿树成荫，花团锦簇，尤以深秋的菊展颇负盛名。庄内设有汪裕泰茶庄门市部，供应西湖龙井茶，并辟有试茗室，陈列各种古色古香的名贵茶具，供游人品评茶叶。庄内还有琴堂，因原庄主夫人好琴，便雇工制琴，号称"汪琴"。20世纪50年代，汪庄新建主楼、配楼、连廊以及宽广的草坪，雪松树丛，并改称西子宾馆，对外开放。

2016年9月4—5日，举世瞩目的二十国集团领导人第十一次峰会在浙江省杭州市举行。9月4日晚，习近平主席和夫人彭丽媛就是在这里举行迎宾宴会，欢迎出席杭州峰会的外国首脑及其他嘉宾。

G20杭州峰会虽结束了，可这个低调而透着茶香的西湖名园却被推向了世界。而熟悉杭州名园的人都知道，汪庄的主人最早是靠卖茶叶赚来的钱买下汪庄的，是杭州著名的茶庄。

从历史看，杭州茶与深山古寺、与历史文化名人结下了不解之缘。到了民国时期，杭州茶与杭州城的发展、与西湖风景的结合也越来越密切。西湖龙井茶在深山古寺扎下根以后，随着杭州社会的变迁，随着杭州城市经济的发展，日渐成为商品进入市场，变得更加引人瞩目。汪庄与汪裕泰茶号就是民国时期杭州茶镶嵌在城湖结合部南山风景线上的明珠，就是民国时期杭州茶商业经济发展的亮点。

先说说汪庄，钟毓龙在《说杭州》第十五章《说园林别墅》中这样记载：

龙井茶叶
（鲁南摄影）

原名青白山庄，在清波门外夕照山麓，占地三十余亩，三面临湖。营建多年，民国十六年尚未完全竣工。主人汪惕予，名自新，别号蜷翁，安徽绩溪人。业医，世为茶商，有汪裕泰茶庄。后又以贩古玩起家。[1]

钟毓龙在书中讲得很清楚，汪庄的确切地理位置在清波门外的

[1] 钟毓龙编著，钟肇恒增补：《说杭州》，载《西湖文献集成》第11册，杭州出版社，2004年。

夕照山，占地有三十余亩（合2万多平方米），而且三面临湖。熟悉杭州地理位置的都知道，这是杭州城市南面与西湖风景连接的最佳位置。当时的杭州城"三面云山一面城"，汪庄所处的位置是南宋皇城与西湖山水的相融处，附近有著名的南宋"西湖十景"——南屏晚钟和雷峰夕照。从选择夕照山麓这个城湖结合的极佳位置建庄来经营茶，在一定意义上吻合了杭州茶由物质的"饮"到精神的"品"、由作物的茶到文化的茶这一发展趋势。钟毓龙在介绍汪庄时，特别提到其在建筑时侵占湖面甚多，曾遭到时人的反对，也从一个侧面反映杭州人对西湖环境保护的重视程度，折射的是杭州茶的品位。钟毓龙没有正面介绍汪庄的主人是如何经营茶业的，而是从介绍汪庄主人的爱好来反映茶庄的品位，进而折射出杭州茶的发展状况。

余往游时，主人身着短衣，正杂花匠间操作。庄中花卉四季不断，固酷爱花者也。承其导观各处，亭台楼榭，陈设富丽，布置颇见匠心。所有联对皆其自撰自书，篆隶均有。且癖好琴，筑有琴堂，藏琴百余张，建坊题曰"千今百古琴巢"，其屋亦名"今蜷还琴楼"。其夫人赵素芳亦善操琴。又移古墓前之石翁仲等陈列园中，实为创见。据告，建筑费逾十五万银。尚拟建一塔，大过雷峰，每层可置酒四桌，其财力及抱负如此。又云琴堂建成亦将捐为公用。汪庄琴堂中收藏古琴甚多，杭州沦陷时悉为日寇掠去。

茶具·香茗需好器
（朱家骥摄影）

钟毓龙不仅从园林别墅的角度介绍了汪庄，还讲到主人汪自新业医，世为茶商，有汪裕泰茶庄，后又以贩古玩起家，说明他懂医、懂茶、懂古玩，是懂中国传统文化的儒商。他选择在雷峰塔、净慈寺附近的湖岸筑园，背山倚湖，可以说占尽西湖山水的特有环境；又在庄内布置四季花卉，筑有琴堂，藏琴百余张，可谓匠心独运。从时代背景来看，我国在民国时期资本主义已有一定发展，茶叶作为商品，势必会带来更激烈的市场竞争。

再看看施奠东主编的《西湖志》卷六《园墅》中是如何更详尽地介绍汪庄的茶室的：

汪庄，原青白山庄，又称"今蜷还琴"楼，在净慈寺附近。……《杭州文史资料》第一辑第一五一页："汪庄内设汪裕泰茶号门市部，供应龙井等名茶，并辟有'试茗室'，可以试评茶味，并专室陈列各种古色古香的名贵茶具，有铜器、锡器、脱胎漆器、黄杨竹器，红木制茶盆和造型美观、质地优良的宜兴陶器，江西景德镇瓷器、茶壶、茶杯等，供人欣赏。"

茶庄，旧时一般指收购毛茶的场所，从市场的角度看，需要有一定的资本和加工设备。茶庄往往能控制毛茶价格，它将毛茶收购以后，经加工运到茶栈或市场进行买卖。主管茶庄者，通常叫庄客。汪自新把茶庄开到汪庄，并设有试茗室，室内有各式精美名贵的茶具，汪惕予不愧为茶商专家。从将茶庄取名汪裕泰，到对汪裕泰茶庄设试茗室及内置各类名茶具的介绍，折射出当年杭州龙井茶的发展、经营特色，看出杭州龙井茶在当时城市经济地位中的品位与规模。

汪惕予从选址夕照山麓开茶庄，又将茶庄取名"汪裕泰"作为自己经营杭州茶的商号，可见在民国时期杭州茶商的经营理念与杭州茶的品牌理念。杭州自古以来因西湖而成名，民国时期杭州茶的经营者在西湖的湖山佳处与杭州城市的结合处开茶庄，设试茗室，立茶号，将全国的名茶具、名茶器集于庄内，让人们在认识杭州茶的同时，认识杭州西湖山水的秀美，认识杭州这座历史文化名城中茶文化深厚的积淀。民国时期的茶人如此经营杭州茶，今天读来仍令人惊叹。

茶具·日日把玩知
足壶（朱家骥摄
影）

如果说钟毓龙的《说杭州》、施奠东的《西湖志》介绍的是民国时期杭州茶人经营杭州茶的外在硬件，那么郑志新的《西湖汪庄与龙井》介绍的则是民国时期杭州茶人经营杭州茶的软件与思维。郑志新以自己与汪庄茶人的交往经历，以及他目睹这些民国时期杭州茶商生活中的点点滴滴，从不同侧面展示了民国时期的杭州茶。郑志新在《西湖汪庄与龙井》中这样写道：

> 杭州古城，向有湖上"四大庄"之称，即汪庄、刘庄、蒋庄、郭庄，都是江浙一带闻名遐迩的花园别墅，其中汪庄最有特色，因为汪庄初建时，实乃一沿湖之茶庄也。

郑志新直白地从西湖四大名庄入手介绍汪庄，可谓气势更大，侧面告诉人们当时杭州茶在杭州城中的地位。

这么一流的环境，开茶庄自然气势不凡，接下来介绍的就是经营者。钟毓龙的介绍仅仅是点到汪庄主人业医、世为茶商，只是笼统地讲到汪自新有一定经济实力。郑志新则讲得更全面详细：

> 说到汪庄，自然要说到汪自新。他是安徽绩溪人，上海汪裕泰茶号店主。汪氏茶号在上海有七个分销处，差不多都设在市中心，各具特色。因而是上海滩上天字第一号茶庄。……年轻时与汪庄庄主汪自新的二儿子汪振寰曾为友人，新中国成立前常去那儿玩耍，知道汪自新风度翩翩，既是茶人，又是文化人。其子亦继承家风，无一般富家子弟的纨绔气。长子汪振

时,精研医学,医术超群,医德高尚;次子汪振寰,曾去日本留学,回国后专攻茶业。此人精明强干,颇有现代商人的眼光。每天穿上工作服,在茶楼看茶评茶,很少坐写字台,又少有旧商人习气。休息的时候,便与家人和青年店员打网球消遣。如此,每天接触茶行跑街和各地往来客户,熟悉茶市行情,成为上海茶业界之中佼佼者。上海滩上与他家世相似的还有一个人,就是因和电影明星阮玲玉有恋爱关系而一时声名大噪的华茶公司老板唐季珊。他们二人都是当时年轻有为的茶界巨子。

郑志新的介绍,一下子从杭州汪庄介绍到了汪裕泰在上海的七个分销处,而且七个分销处都在上海市中心并各具特色,是当年上海滩数一数二的茶庄。郑志新虽然没有详细介绍汪裕泰茶号在上海的七个分销处是否全部卖杭州西湖龙井茶,但可以想象汪裕泰茶号的茶庄本部在杭州西湖的汪庄,这个店在上海市中心开设七家分销店,其茶叶经营者的实力可想而知,自然包括销售龙井茶。郑志新还介绍了汪自新的两个儿子的经历、工作作风及汪裕泰茶号在上海同行竞争中的情况,全盘托出汪裕泰在民国时期经营杭州茶的全貌。

杭州的汪庄茶号就是在这样的角逐竞争中开设的。汪自新是个富有雅趣的人,极爱品龙井名茶,游西湖山水,好鉴赏书画以及徽墨端砚,善弹古琴,故于20世纪20年代在汪庄开设杭州汪裕泰茶号。茶庄极重茶的质量,每当西湖龙井新茶上市,汪家父子必亲自从上海赶到汪庄，认真验收茶区各茶行收购来的新茶，择优汰劣，分级包装上罐，绝不以次充好，以少充多。清明前后，大批外地和本埠茶商、散客来汪庄购茶，汪庄便专在临湖的绿柳丛中筑一个试茗室。室内敞亮雅洁，陈设古色古香，茶具又均为精品，有宜兴紫砂、景德镇精瓷、福州漆器等茶具，还有巴黎进口的玻璃杯，简直是应有尽有。顾客可一面品啜龙井香茗，一面选购茶叶和茶具。当场品试，当场敲定，待你三杯下肚，精美包扎的龙井茶就送到你面前了，所以汪裕泰茶号货真价实的品牌就树了起来。同时，汪家极重品茶氛围。汪夫人善琴，家中藏有好琴几十张，常会聘些操琴高手在茶厅助兴，叮咚琴声委婉动听，逗引得不少文人雅士流连忘返。赏琴之余，还可在庄内欣赏名人字画、古玩，雅趣盎然，平添不少乐事。如此风光如此茶，一时名声大振。但汪裕泰茶号在杭州并无茶叶加工厂和贮藏保管茶叶的成套设备；而翁隆盛茶庄则每天将茶行收购运来的龙井茶

旧时杭州茶庄价目表、广告

百茶百味，健康一味（朱家骥摄影）

鲜叶在当晚炒制，上簸去末，入罐收藏。相比之下，汪裕泰茶号似乎略逊一筹。

从介绍汪裕泰茶号，汪自新家人的背景、阅历和作风，到介绍汪家人如何经销茶叶，从注重品茶氛围，一边可购茶叶，一边还可购泡茶名器，到介绍可在试茗室赏琴赏字画古玩，郑志新对汪裕泰茶庄的记述，让人不由得想到西湖龙井茶之所以有"绿茶皇后"之称，这与经营者构建的茶文化也是密切相关的。民国时期杭州茶的经营者，深谙杭州茶的精髓与灵魂，将西湖龙井茶与中华民族优秀传统文化串联起来，让人们在追求茶的物质品质的同时，满足由茶赋予的精神追求与精神享受，这可说是杭州茶在民国时期发展的重要特征。

郑志新还从记述汪自新二儿子汪振寰的文字中向我们展示了民国时期杭州茶在市场竞争中更广阔的一面：

汪振寰是个眼界开阔的人。他注重外销，在上世纪30年代，他不仅派专人去北非摩洛哥港口城市卡萨布兰卡设庄推销中国绿茶，打开外销渠道；而且重金聘请上海圣约翰大学有外文基础的毕业生为高级职员；还雇用江西籍外销技工开设制茶拼配厂，一时与华茶公司在茶界并雄。然而，日寇侵占杭州期间，天堂西子湖受尽摧残，汪庄也不能幸免。

郑志新提到的西湖四大名庄汪庄、刘庄、蒋庄、郭庄，是江南闻名遐迩的别墅庄园。汪庄、刘庄至今仍是杭州等级极高的接待场所。

在这些介绍杭州汪庄及其主人汪自新的文章中，讲述的是杭州茶与杭州西湖山水的密切关系，介绍的是在那个时期杭州茶与杭州城市经济、政治、文化之间的关系，以此来展示杭州茶发展的历史特征，这是杭州茶作为商品进入市场经济早期的业态。当时人们的营销理念、经营思想应该说与杭州茶自身的品质特征、发展思路是完全吻合的。

旧茶叶罐上的龙井风光图

钟毓龙、施奠东与郑志新等人的介绍，又向人们传递了一个杭州茶发展的新信息，告诉人们杭州茶在追求色、香、味、形真趣品质的同时，也随着社会发展作为商品融入市场。在杭州茶融入市场的初期，给人的印象是：经营茶叶的人是一个懂医、懂古玩又几代经商的人；经营场所选在汪庄，选在杭州湖城结合处，选在吴越名胜——雷峰塔附近；经营方式有雅致的试茗室，有琴有画；特别是商人的后代有外国留学的背景，及他们扎扎实实的工作作风和全新的经营理念。综合来说，这是汪裕泰茶号所独有的，不过其中有些特征也是当时其他茶号所具有的。杭州茶生长在这么优美的环境中，经营的商人有这么丰富阅历和文化雅好，茶庄又设在湖山一流的人文胜地，难怪有那么多社会名流、名人志士钟爱杭州茶。

杭州既是龙井茶的故乡，又是浙、皖、赣、闽茶叶运销集散中心。每至春季，全国各大城市的茶商云集杭州，通过当地茶庄、茶号收购茶叶，抢运各地报新（即茶农将首批制好的毛茶拿到收茶站报到投售）。当时，茶庄侧重批发业务，茶号侧重门市零售业务。1931年，杭州共销售茶叶2.57万担，营业总额为187.91万元。[1]

杭州茶从"钱塘生天竺、灵隐二寺"到"春风吹破武林春"的草茶，从乾隆帝"火前嫩，火后老，惟有骑火品最好"到汪庄的试茗室，让我们清楚地看到杭州茶的生长环境，制茶品质要求，茶与自然山水的交融、与人文礼仪的结合，以及从"柴米油盐酱醋茶"到"琴棋书画诗酒茶"的发展历程。茶与杭州美丽山水息息相关，茶与杭州历史文化水乳交融，茶与杭州市民生活休戚与共，茶都之茶颇具独特韵味，更显别样精彩。

---

[1] 建设委员会调查浙江经济所：《杭州市经济调查》（下），1932年。

（九）刘庄宽余亭让"西湖双绝"更为"天下一绝"

2003年4月，杭州人民为缅怀毛泽东、刘少奇、周恩来、朱德等新中国第一代领导人对杭州茶所作出的丰功伟绩，在浙江省、杭州市老同志的倡导、推动下，由省警卫局筹建，在西湖名园——刘庄毛泽东当年亲自采摘过茶的茶园边，建起了宽余亭，竖立了"毛泽东采茶处"纪念碑，碑后有毛泽东当年采茶的照片。碑后的文字这样写道："刘庄历史上曾盛产龙井茶。一九六三年春，毛泽东主席在刘庄起草《农村工作若干问题决定（草案）》。四月二十八日

刘庄毛泽东采茶处
（朱家骥摄影）

下午，在工作之余，主席曾亲自在此采茶，并在品尝他亲手采摘的茶叶时说：'茶叶是个宝。龙井茶，虎跑水，天下一绝。'"

宽余亭两边的亭柱上挂着王翼奇撰、俞建华书的楹联："广宇骋怀，深谋天下三分策；闲庭信步，欣采江南一片春。"

新中国成立后，西湖龙井茶这个古老的国茶品牌重新焕发了青春，得到了长足的发展，这与新中国第一代领导人对西湖龙井茶的钟爱和他们的杭州茶情结是分不开的。

毛泽东主席生前喜好饮茶，而且精于品茶。据他身边的工作人员回忆，他最喜爱、喝得最多的是杭州的西湖龙井茶。

毛泽东主席视杭州为"第二故乡"。他曾说："杭州这个地方环境好，不嘈杂，适合工作，适合休息。"新中国成立后，毛主席曾四十余次到杭州工作、休养，大多住在位于龙井茶区的刘庄、汪庄。他的足迹几乎遍及龙井茶区，茶区风光使毛主席流连忘返。在他的许多照片中，我们都可以看见，他老人家的桌上会放着一杯清香浮动的西湖龙井；在会见外宾时，他也喜欢用龙井茶招待贵宾。可以说，一杯清茶，见证了共和国的内政和外交历史。

毛泽东钟爱龙井茶，他还在刘庄的小茶园里采过茶。据当时任刘庄招待所副所长的杨忠芳回忆：

1963年4月28日中午，接到警卫人员电话通知，说毛主席要来刘庄采茶，于是赶紧准备了十多只竹篮。下午2时半左右，毛主席来了，车就停在刘庄南大门过来一点的空地上。毛主席沿着园径慢慢走过来。他神情轻松，与陪同人员一路有说有笑。这时候我们在茶园边采茶边等待。毛主席走进茶园后，和蔼地向大家打招呼说：

"呵，今天大家都来采茶叶了。"

开始采茶叶时，我提着篮子跟在毛主席身旁。毛主席问我：
"茶叶怎么采？"我当时心里既激动又紧张，回答说："采茶
尖。"毛主席说："我还是第一次采茶。"说着，就在茶蓬上掐
起茶尖来。开始，他把采下的茶叶攥在手里，我提篮跟过去，毛
主席看到我提着篮子，就轻轻地把茶叶放到篮子里。他边采边爽朗
地笑着说："种瓜得瓜，种豆得豆，我们是种茶叶得茶叶喽！"采
茶中，毛主席问我龙井茶的历史和种植情况，还问我喝不喝茶。毛
主席说："茶叶是个宝，多吃有好处。茶叶可治病，帮助消化，清
凉、提精神。"

毛主席对采茶很有兴趣。他边采茶叶边对我说："杭州龙井茶
是有名的茶叶，你们要管好，不要让它荒掉。茶叶是经济作物，管
好了来年有收入。"那天毛主席采茶大约半个小时。警卫人员、招
待所服务员陪着毛主席采茶。临走时，毛主席和我们握手道别，并
说："谢谢你们。"

毛主席和大家一起采下的茶叶，当天就拿去炒好了。第二天下
午，我们将炒好的茶叶送到毛主席那里。毛主席笑着说："我能吃
到自己采的茶叶了。"毛主席还抓了一把茶叶放在手上仔细地观
察，又闻闻香气，然后放进嘴里咀嚼起来，并说："虎跑水泡龙井
茶，天下一绝。"[1]

毛泽东是中华人民共和国的缔造者，是党和国家的第一代领导

---

[1] 政协杭州市西湖区委员会：《龙井问茶——西湖龙井茶事录》，杭州
出版社，2006年。

刘庄"毛泽东采茶
处"纪念碑（朱家
骥摄影）

核心。他从定国礼时点将西湖龙井茶到生前四十余次到杭州工作、休养时显露的杭州茶情结，再到发出"虎跑水泡龙井茶，天下一绝"的感叹，可以说对杭州茶是深爱至极。记得前几年全国掀起普洱茶热，在一次茶叶论坛上，许多人围着一位当年在毛主席身边工作过的老同志问：毛主席当年喝不喝普洱茶？喝的是生普还是熟普？毛主席喝得最多的是什么茶？这位老同志开始一直不作声，见问的人多了就说：毛主席喝得最多的是西湖龙井茶。历史的记载加上亲耳听到毛主席钟爱龙井茶，让杭州茶人兴奋无比，这也是新中国成立后杭州茶得以快速发展的相当重要因素。

新中国第一代领导人中有杭州茶情结的还有刘少奇、周恩来、朱德等。刘少奇对杭州西湖怀有深厚感情，对西湖优美的风景、清澈的湖水和清新的空气赞赏有加。他曾两次到老龙井一带参观茶园，游览名胜。

1951年12月，国家首次试行中央领导人休假制度，刘少奇就选择杭州西湖作为休假地，偕同夫人王光美和两个孩子乘坐火车来到杭州，下榻在浙江省军区大院内的一幢西式小楼。在杭州休假的一个月时间里，刘少奇每天上午去游览一个景点，或登山，或泛舟，或参观游览，每天傍晚在西湖边散步半小时，不管风雨，从不间断。西湖风景区南北主要景点，到处都留下了他的足迹。他到西湖龙井茶乡参观，上风篁岭，观老龙井，与茶农亲切聊天，询问他们的生活和生产情况。

在全国诸多名茶中，刘少奇对西湖龙井茶情有独钟，每月发工资时，王光美必托供应站人员代买正宗西湖龙井茶。供应站每有龙井新茶，也早早替刘少奇留着。

周恩来总理生前曾三十余次到过杭州，而在1957年到1963年短短六年间，他先后五次或陪同外宾或专程来到梅家坞，为杭州茶的发展作出了重要的贡献，给茶乡人民留下了难以磨灭的深刻印象。

1957年4月，周总理与陈毅副总理、贺龙元帅、罗瑞卿大将、彭真书记等党和国家领导人陪同苏联最高苏维埃主席团主席伏罗希洛夫到梅家坞参观访问。

1958年1月，周总理与夫人邓颖超在陪同也门王国（今也门共和国）副首相兼外交和国防大臣巴德尔王太子一行来杭州会见毛泽东主席，并送他们离杭后，再次来到梅家坞调研，上茶山，察看茶叶试验场。

1960年12月，周总理、陈毅副总理陪同柬埔寨国家元首西哈努克亲王访问杭州，第三次到梅家坞。临走时，周总理赠送给西哈努克亲王1千克极品龙井茶，西哈努克收到后赞不绝口。

1961年春天，周总理陪同外宾第四次来到梅家坞。

1963年1月，周总理、陈毅副总理陪同锡兰（今斯里兰卡）总理班达拉奈克夫人来杭州访问，第五次参观访问西湖龙井茶区梅家坞。

中华人民共和国成立后，中国迈向了历史发展的新纪元，中国茶也随之发展。周恩来总理将杭州茶区——梅家坞作为他调研的工作点，把梅家坞茶区作为我国外事活动点，并亲自陪同外宾前来考察，深入茶区，调查研究，关心茶农生活，指导茶区发展，这恐怕在中国茶

梅家坞周总理纪念
室（引自《周恩来
与西湖》）

史上都史无前例。这是中国茶的幸事，是杭州茶的荣耀。

　　如今，当年老一辈无产阶级革命家亲手绘制的杭州茶乡蓝图，已经变成了现实。梅家坞的村民为了纪念周总理对茶农们无微不至的关怀，建立了梅家坞周总理纪念室，详细展现这位大国总理当年为西湖龙井茶发展所作出的贡献。[1]

　　朱德生前曾六次到老龙井一带茶园视察，在胡公庙品茶，留下了感人的故事。

　　第一次是1952年的一天，时任中央人民政府副主席的朱德元帅首次访问龙井村。他环顾四周茶园，指示要绿化山林，并游览广

[1] 鲍志成：《龙井问史》，西泠印社出版社，2006年。

福院、胡公庙，与老和尚慧森一起品茶，了解西湖龙井茶的历史和传说，观看了近旁的老龙井和十八棵御茶。

第二次和第三次分别是1959年4月8日和1960年6月22日。第二次到龙井考察时，朱德提出要改善从九溪到龙井的山路交通；第三次他考察了梅家坞茶区。

第四次是1961年1月26日，时年75岁的朱德从九溪十八涧一直步行到梅家坞，然后登上狮子峰。当晚，他就挥毫作诗一首：

狮峰龙井产名茶，生产小队一百家。

开辟斜坡四百亩，年年收入有增加。

第二天，朱德兴犹未尽，又登上了北高峰，再作诗：

登上北高峰，海拔三百三。

缓行一时半，二次到顶巅。

西面看天竺，北望有莫干。

南对南高峰，东看大平原。

西湖在眼底，灵隐在膝前。

吴山与玉顶，四面山相连。

钱塘到龙井，公路一小圈。

十年植花木，盛装此湖山。

十年修公路，大圈套小圈。

十年勤培养，天堂逊人间。

20世纪50年代龙井
茶场手工炒茶情景
（杭州市茶文化研
究会供图）

梅家坞炒茶旧影

第五次是1962年2月，当时朱德视察了在杭的中国农业科学院茶叶研究所（简称中国茶叶科学研究所）。

从1952年到1962年十年间六次到老龙井、梅家坞、茶科所等茶区与科研单位视察，说明了这位战功赫赫的开国元勋对龙井茶的钟爱以及对杭州茶生产发展的关怀。为了纪念朱德情系龙井茶乡的感人故事，人们创作编写了《朱委员长到龙井》的歌曲，表达对朱老总的深切缅怀。歌中唱道：

呼春鸟展翅云里鸣，金灿灿的阳光照茶林，朱委员长哎到龙井，乐坏满山哎采茶人。九溪奏欢歌哎，狮峰笑相迎；朱委员长健步登茶山，送来党的恩情；带来领袖爱，阳光暖人心。啊，敬爱的朱委员长，您是我们茶农的贴心人。

一层层茶山高入云，绿葱葱的茶树根连根，朱委员长哎到龙井，关怀我们哎种茶人。声音如洪钟哎，给咱力千钧；劈山垒石造茶园哎，学习愚公精神；战天又斗地，描绘茶乡春。啊，敬爱的朱委员长，您永远鼓舞我们向前进。

此外，从1958年至1966年间，朱德委员长还三次到西湖区龙坞公社外桐坞村视察，关心茶农生产和生活，指导茶村发展规划。

当年的外桐坞与龙井、梅家坞茶区相比，名声远不及它们大，但是新中国第一代领导人站在经济发展的高度，关心外桐坞茶区发展，可见他们对杭州茶发展的战略眼光。如今，外桐坞已是西湖龙

梅家坞茶村旧影
（李金洪供图）

井茶的二级保护区，成了西湖龙井茶的主要产区之一。[1]

从以上的史料记述不难看出，新中国第一代领导人不仅钟爱杭州的西湖山水，而且钟爱青山绿水间的杭州茶。是他们的钟情、厚爱，使得西湖龙井声名远播，龙井茶区成为新中国接待外宾的重要场所，龙井茶叶成为馈送国外贵宾的礼品，他们的推崇让已戴在西湖龙井茶头上"绿茶皇后"的桂冠发出更为璀璨的光芒。

五六十年过去了，在西湖山水的最佳处，人们以建亭立碑的方式来缅怀新中国第一代领导人对杭州茶所做出的丰功伟绩，纪念他们为杭州茶发展而作出的贡献。"毛泽东采茶处"纪念碑，可视作中国茶都杭州、西湖龙井茶及杭州茶文化的纪念丰碑，也是杭州茶发展新的辉煌历史的里程碑。

西湖国宾馆刘庄
（朱家骥摄影）

---

[1] 以上有关党和国家领导人与西湖龙井茶的故事，可参见杭州市茶文化研究会编，鲍志成编著：《杭州茶文化发展史》第十章《当代杭州茶文化的繁荣（下）》，杭州出版社，2014年。

龙井村·香茗复丛
生（姚建心摄影）

三　茶乡茶业

（一）"国礼"西湖龙井茶

关于西湖龙井茶作为代表国家的礼品茶，走出国门，香飘四海的故事，有不少文字记载。新中国的成立后，西湖龙井茶得到了更大的发展，在海内外的名声也越来越响。据曾任浙江省茶叶进出口公司内销部副经理的胡耀卿《西湖龙井茶的"特供"》一文记载，新中国成立后不久，西湖龙井茶就与茅台酒、中华烟被同列为国家外事礼品。1949年12月，党中央祝贺苏联斯大林七十寿辰的礼品中就有龙井茶。时任杭州西湖龙井茶叶公司总经理的戚国伟在《国家礼品茶的"直供"记事》一文中说得更详细："20世纪50年代至80年代初，西湖龙井茶被列为国家礼品茶，每年都在明前茶采摘前，下达收购任务。礼品茶统一由省、市、区供销合作社逐级下达指标。龙井茶乡的人民把将西湖龙井作为国家礼品茶上交国家当作政治荣誉，一代一代传承下来。"

西湖龙井茶作为党和国家领导人赠送给外国领导人的礼品，也受到了外宾的青睐，留下了不少佳话。20世纪50年代初，毛泽东主席到苏联访问，把西湖龙井茶作为礼品带去，斯大林等苏联领导人喝了以后，对西湖龙井茶大加赞赏。虽然他们的喝茶方式不同，像煮咖啡一样把茶叶弄碎煮来喝，但还是觉得有滋有味。此后，杭州西湖龙井茶便被苏联领导人视为珍品。50年代，不少援华建设的苏联专家都点名要喝西湖龙井茶。值得一提的是，1957年苏联代表团来杭，最高苏维埃主席团主席伏罗希洛夫在杭州用中国人喝茶的方式喝了龙井茶后更觉奇妙，希望中国派茶叶专家和相关技术人员到苏联的远东地区帮助种茶（后由于土壤、气候等原因，栽种未能成功）。据说现在的俄罗斯仍流行西湖龙井茶，俄语的"茶叶"是汉语北方方言"茶叶"的译音。

1972年2月，尼克松总统访华，在中南海会晤、钓鱼台谈判和杭州谈判《中美联合公报》时，周恩来总理都用西湖龙井茶来招待他。他们离开杭州时，周总理向尼克松一行赠送了6千克特级龙井茶。美方随行人员、助理国务卿黑格还特意到解放路百货商店购买了1千克盒装的龙井茶，带回美国作为馈赠亲友的礼品。尼克松总统回到美国，向参众两院报告访华情况，便用龙井茶招待与会人员。

其他外国领导人也有不少将西湖龙井茶视为珍品。越南领导人胡志明、朝鲜领导人金日成、柬埔寨西哈努克亲王等都喜欢喝西湖龙井茶。邓小平同志出国访问和接待外国领导人时，也常把西湖龙井茶作为赠礼，新加坡总理李光耀就常收到邓小平同志的赠茶。

"国礼"西湖龙井

　　西湖龙井茶除了作为"国礼"赠送给外国元首，还常常赠送给其他外宾贵客。如赵和涛在《基辛格与龙井茶》一文中记述道："美国前国务卿亨利·基辛格，不仅是位学识渊博的政治家，而且也是爱茶如命的老茶客。……基辛格早就得知，产于浙江杭州的龙井茶，色香味独特，是中国名茶之最。但由于种种原因，他一直未品尝到正宗的龙井茶。1971年7月9日，当时任职美国国家安全顾问的基辛格，作为尼克松总统的特使，第一次秘密访华。当基辛格下榻在北京钓鱼台国宾馆六号楼，首次与周总理会晤时，服务人员本着客来敬茶的中国传统礼节，给他泡了一杯正宗极品龙井茶。基辛格通过翻译得知这是真正的中国名茶之冠龙井茶时，十分高兴，立刻举杯畅饮。当清醇味甘的龙井茶汤沁入肺腑后，他顿时感到身心畅快，精神大振，连连点头称道：'好茶！好茶！'面对这神奇功能的龙井茶，基辛格也顾不上礼节了，接连畅饮三杯，方感过瘾。洞察入微的周总理见此情景，

西湖龙井茶（杭州市茶文化研究会供图）

看出了基辛格对龙井茶的酷爱心情，特地吩咐有关接待人员，将剩下的龙井茶全部送到基辛格住地，让他慢慢品尝。……当基辛格完成谈判任务，访问结束时，周总理不但亲临钓鱼台国宾馆与他话别，而且还特意馈赠给他1公斤（即千克）极品龙井茶。在回国的专机上，基辛格拿出周总理送给他的龙井茶，仔细观看，不断炫耀，并赞不绝口。这时与他同来的五位部下，十分羡慕龙井茶，都想品尝分享，因此也不顾上司的情面，你一撮，我一把，顷刻间将1公斤龙井瓜分掉一半。……同年10月22日，基辛格第二次访问中国时，主动向周总理提起上次馈赠的龙井茶被部下哄抢瓜分的趣事，并希望能再次得到一些龙井茶，以便让他更多的部下同僚及亲友也能品尝一下。周总理欣然满足了他的要求，再次赠送给他4公斤极品龙井茶。据说基辛格这次得到龙井茶后，为了防止部下同僚再瓜分，只好将茶叶作为特级密件由专人专机送回美国。"[1]

基辛格是20世纪70年代沟通中美关系的重要使者，从赵和涛所记述的故事中，可见这位外国使者对西湖龙井茶的钟爱程度近乎疯狂，要不然怎么会把周总理送给他的4千克极品龙井茶作为"特级密件"专人专机送回美国呢？一位外国使者初次接触到西湖龙井茶后就表现出他的喜爱之情，再次来到中国后甚至亲自讨要，可见西湖龙井茶在他心中的地位，也折射出西湖龙井茶在我国外事活动中所起到的作用。这些外事活动中有关西湖龙井茶的故事，应该是杭州茶叶发展史上的佳话。

---

[1] 赵和涛：《基辛格与龙井茶》，载《农业考古》1991年第4期。

　　2010年，举世瞩目的第41届世界博览会在上海举行，创造了世界博览会史上规模最大、参与人数最多的纪录。就在上海世博会举办前夕，《杭州日报》于2010年2月24日报道了"西湖龙井将进驻世博会联合国馆"的消息，说道："地处西湖龙井茶原产地保护区内的双浦镇福海堂茶叶基地，近日正式收到通知，他们出产的西湖龙井茶已被认定为2010年上海世博会联合国馆的专用茶。据了解，进入世博会联合国馆的茶叶一共10种，涵盖了青、红、白、黄、绿、黑等六大茶类，西湖龙井在绿茶中折桂。联合国馆是上海世博会100多个场馆中规格最高的场馆之一。届时将专门提供场地，进行中国茶道、茶艺展示。而在展示同时，各参展的茶企可使用联合国馆UN标志进行销售。据悉，今年5月，首批250斤（合125千克）福海堂西湖龙井将送往上海，接受来自世界200多个国家近7000万名来访者的品鉴。"

　　世界博览会在中国首次举办，杭州西湖龙井茶被世博会联合国馆认定为专用茶，并可使用联合国馆UN标志进行销售，这无疑为杭州茶走向世界，让全世界更多的人了解杭州茶提供了广阔的平台。在日新月异的今天，杭州茶为杭州这座城市增添了独特的雅韵，龙井茶文化给杭州带来了别样的精彩。

　　西湖龙井茶为何会有如此魅力？我们不妨以梅家坞茶文化村为例，来看看杭州茶乡的独特地理位置与茶文化发展环境。

　　梅家坞茶文化村位于西湖区八盘岭西南，系五云山西面一纵长的山坞。相传古时天目山梅姓人家来此山坞定居，后日渐繁衍成村落，故称梅家坞，至今已经有六百余年的历史。茶文化村坐落于梅灵路两侧，纵长十余里，人称"十里梅坞"，由小牙坞、老村、新村三大区块组成。它地处西湖风景名胜区核心景区范围内，东与西湖咫尺相望，北穿梅灵隧道与千年古刹灵隐寺相依，南靠"新西湖十景"之一的"云栖竹径"。山坞中有一溪，名梅坞溪，穿村而过，流水潺潺。绿水青山，曲径石桥，梯田茶园，得天独厚的地理位置与翠丛成片的茶园构成了别具一格的茶乡风光。它既是"三评西湖十景"之"梅坞春早"景观所在地，也是西湖龙井茶的核心产区之一。梅家坞原是杭州茶乡的一个普通村落，新中国成立后，它与全国所有农村一样，经历了土地改革、农业互助合作、人民公社和改革开放分田到户等不同阶段，但由于它拥有独特的地理环境，后成为具有优越山水资源与丰厚人文历史的茶村，还是中央领导和省市领导农村蹲点调研的地方。梅家坞茶乡的每一步发展都为杭州茶文化的发展留下了印记。

2000年起，经过数年的综合整治，梅家坞茶文化村现已成为一个融青山绵绵、溪涧潺潺、茶园葱葱于一体的以茶文化为主题的休闲园区，呈现了"十里梅坞蕴茶香"的茶乡风情。梅家坞茶文化村现有160余家茶坊，村里还专门成立了多语种接待室，为前来观光的中外宾客讲解西湖龙井茶的历史，茶叶采摘、炒制、品泡，以及茶的功能等内容，同时进行茶艺表演。每年春季，游客还可以亲身体验春茶采摘，感受浓浓的茶文化气息，尽享茶文化的生态自然之美、农家风情之乐。作为杭州茶都的重要载体，梅家坞茶文化村早已盛名在外，成为杭州这座国际风景旅游城市"茶文化游"的一张金名片，成为杭州对外交流的一块金字招牌。

十里梅坞蕴茶香
（郑从礼摄影）

（二）茶馆就是风雅钱塘的一道风景

杭州的茶馆，曾是这座古都社会经济、文化生活的窗口；杭州的茶馆，也是品读杭州秀山丽水、人文历史的重要场所。纵览杭州茶馆的发展历程，它称得上是一部浓缩的杭州社会史和文化史。

吃茶品茗是杭州人的一种生活方式，甚至有人说，杭州原本就是一个为茶而设的城市。

"三面云山一面城"是"西湖时代"杭州这座山水城市的直观写照。而这个三面云山的群山中布满了大大小小的旅游景点，这些报得出名字的旅游景点里，都会有或大或小、风格各异的茶馆、茶室、茶庄；而一面城里的茶楼、茶坊、茶舍，也颇具人气，各有特色。叫法略有不同，经营方式有所别，但总体而言，可通称为"茶馆"，是风雅钱塘的一道风景。

千百年来，居住在这座城市里的人在茶馆消遣、休闲，许许多多慕名而来的中外游客，也在其中品茗、休憩，成为不少名人笔下的生活风情录。

丰子恺（1898—1975），原名润，又名仍，字子颛，后改为子恺，浙江桐乡人。他是我国现代画家、散文家、美术和音乐教育家、翻译家，是一位多方面卓有成就的文艺大师，新中国成立后曾任上海中国画院院长、中国美术家协会上海分会主席等职，被国际友人誉为"现代中国最像艺术家的艺术家"。他风格独特的漫画作品，简洁拙朴，内涵深刻，影响很大。早期漫画多暴露旧中国的黑暗，为劳苦大众抱不平；后期常作古诗新画，并多以儿童生活作题材。其散文文笔隽永清朗，语淡意深，也深受人们喜爱。

当年，丰子恺常在西湖山中看山、听松、喝茶，别有一番风味。1935年的一天，他带着两个女孩到西湖山中游玩，忽遇天下雨，看见前方有一小庙，庙门口有三家村，其中一家是开小茶店的，于是趋之如归。喝着山茶，听茶博士坐在门口咿咿呀呀地拉着胡琴，他觉得有趣极了："茶越冲越淡，雨越落越大。最初因游山遇雨，觉得扫兴；这时候山中阻雨的一种寂寥而深沉的趣味牵引了我的感兴，反觉得比晴天游山趣味更好。所谓'山色空蒙雨亦奇'，我于此体会了这种境界的好处。"[1]

丰子恺文中提到的西湖山中，究竟是哪座山？文中没有明说，只隐约写道，后来大家和着胡琴声唱起《渔光曲》，"一时把这苦雨荒山闹得十分温暖"。既云"荒山"，总是离城区偏远一点的吧。不过，他若是活到今天，想再体味这种山里喝茶的趣味，就不必再费这般杖履之苦了。如今，西湖的北、西、南三面，远远近近，群山耸峙，层峦叠嶂间有的是煮泉品茗的好去处。

郁达夫（1896—1945），原名文，字达夫，浙江富阳（今杭州市富阳区）人。他是我国现代著名的作家、诗人，创造社主要成员之一。他在《半日的游程》一文中对杭州风景区中茶、景和人的感受写得相当精彩：

"好极！好极！我也正在打算出去走走，就同你一道上溪口

[1] 丰子恺：《山中避雨》，载《缘缘堂随笔集》，浙江文艺出版社，1990年。

去吃茶去罢，沿钱塘江到溪口去的一路的风景，实在是不错！"

沿溪入谷，在风和日暖，山近天高的田塍道上，二人慢慢地走着，谈着，走到九溪十八涧的口上的时候，太阳已经斜到了去山不过丈来高的地位了。在溪房的石条上坐落，等茶庄里的老翁去起茶煮水的中间，向青翠还像初春似的四山一看，我的心坎里不知怎么，竟充满了一股说不出的飒爽的清气。两人在路上，说话原已经说得很多了，所以一到茶庄，都不想再说下去，只瞪目坐着，在看四周的山和脚下的水，忽而嘘朔朔的一声，在半天里，晴空中一只飞鹰，像霹雳似的叫过了，两山的回音，更缭绕地震动了许多时。我们两人头也不仰起来，只竖起耳朵，在静听着这鹰声的响过。回响过后，两人不期而遇的将视线凑集了拢来，更同时破颜发了一脸微笑，也同时不谋而合的叫了出来说：

"真静啊！"

"真静啊！"

等老翁将一壶茶搬来，也在我们边上的石条上坐下，和我们攀谈了几句之后，我才开始问他说：

"久住在这样寂静的山中，山前山后，一个人也没有得看见，你们倒也不觉得怕的么？"

"怕啥东西？我们又没有龙连（钱），强盗绑匪，难道肯到孤老院里来讨饭吃的么？并且春三二月，外国清明，这里的游客，一天也有好几千。冷清的，就只不过这几个月。"

我们一面喝着清茶，一面只在贪味着这阴森得同太古似

茶博附近的
茶园（钱少
穆摄影）

的山中的寂静，不知不觉，竟把摆在桌上的四碟糕点都吃完了……[1]

郁达夫在这里没有写茶如何好、水怎么样，而是写喝茶处与自然风景融合的独特环境，以及在那种环境中游人喝茶的亲身感受。在文人的笔下，喝茶不仅仅是一种单一的物质享受，更是一种在满足物质享受的同时获得更大的精神享受的过程，是一种喝茶与悠闲的意境，正体现了中国茶艺所追求的幽旷清寂、渴望回归自然的意境。

杭州是风景旅游城市，我国著名的古建筑园林专家陈从周曾言："游杭州不游郭庄，称不上游过杭州。"并称郭庄是西湖的"背影"。同样，陈从周自称"爱茶若命"，并只喝龙井。

陈从周（1918—2000），原名郁文，晚号梓室，自称梓翁，浙江杭州人。他擅长文史，兼作古诗词、绘画，著有《说园》一书。

陈从周对杭州人文历史十分熟稔，尤其是对一些名人故居，可谓了如指掌，还是一本"活家谱"。他认为中国造园的立意构思大多出于诗文、额联，点缀和题咏园林景色，所以"园实文，文实园"。从一定意义上说，中国园林是融入历代文人气质的自然景观，讲究自然。他有诗云："村茶未必逊醇酒，说景如何欲两全。莫把浓妆欺淡抹，杭州人自爱天然。"杭州建设，要有中国特色，

---

[1] 郁达夫：《半日的游程》，载《履痕处处》，上海现代书局，1934年。

如果让西湖穿上"西装",那就不伦不类了。

他还说:"西湖与其说是风景区,倒不如叫它做大园林,或者大盆景来得具体。因为空灵、精巧,小中见大、大中藏小,宜游、宜观、宜想、宜留,有动、有静……真说得上是面面钟情,处处生景了。"(《〈杭州园林〉序》)他认为西湖既是三面云山一面城,是各个时代文化艺术的综合体,正如他诗中所说"乡情垂老尚依依",不时撩拨着他的情怀。[1]

陈从周先生不仅酷爱西湖山水,而且酷爱杭州茶,他有自己独到的见地,十分推崇杭州的九溪茶。诚然在今天看来,九溪也属于杭州西湖龙井茶的一级核心茶区,可是要在民国时期大声疾呼九溪茶好,足见陈从周对杭州茶的独特品位。让我们看看吴铭在他的《访"爱茶如命"的陈从周教授》一文中是怎样来记述陈老先生酷爱杭州茶的:

> 陈老一生嗜茶,他在《说茶》的短文中曾写道:"我是爱茶若命的人,品茗是生活中的快事,没有它,恐怕如今一个字也留不在人间。因为我生长在杭州,自小就爱上了茶,春日去西湖上坟,在坟家亲尝新茗,吃嫩茶炒虾仁,太美妙的享受啊!"大概正因为是来自家乡的茶,陈老对龙井情有独钟。他说:"云南人喝普洱茶,北方人喝花茶,我如今只喝龙井,我爱龙井的鲜爽清淡。"陈老介绍说,美国大建筑师贝聿铭先生

---

[1] 袁本培:《陈从周先生二三事》,载《文汇报》2007年8月17日。

万担茶乡香万里
（张闻涛摄影）

也爱喝龙井，他每年都要寄些去。[1]

陈先生早年在杭州钱塘江畔秦望山头的之江大学读书，那时一群同学常在九溪喝茶吟诗。一位如今在美国的老同学琦君身在海外，却总忘不了九溪村茶，嘱陈先生去美国时一定捎带点九溪茶去，其实陈先生自己又何尝忘却过。他在《"香"思》一文中说：

> 琦君最难忘的是在九溪品茗，她极喜夏承焘师在九溪赋的"若能杯水如名淡，应信村茶比酒香"词句，我也深有同感，因此我每次回杭州，免不了要去啜一下"比酒香"的九溪茶。品茗中，当然想得很多，从小时候到龙井上祖坟，尝新茶，濯足清流，一直到怀念我的万里外的友人。她来信说我如再去美，将邀我上她家去小聚，一倾积愫。当然免不了带点九溪茶去。她因胃病不能饮茶了。我想茶有香，这香思与乡思原是一回事啊！[2]

"若能杯水如名淡，应信村茶比酒香"，如果说集苏轼句联"欲把西湖比西子，从来佳茗似佳人"是对杭州茶与杭州西湖山水的称颂，那么"若能杯水如名谈，应信村茶比酒香"更是接触杭州茶后对杭州茶高贵品质的赞美。作者还通过"云南人喝普洱茶，北

---

[1] 吴铭：《访"爱茶如命"的陈从周教授》，载《茶博览丛书·爱茶者说》，浙江摄影出版社，2001年。
[2] 陈从周：《"香"思》，载《帘青集》，上海书店出版社，2019年。

方人喝花茶，我如今只喝龙井，我爱龙井的鲜爽清淡"的比较来写杭州茶，突出杭州茶在他心中的分量。

贝聿铭是世界级的建筑大师，每年都要陈先生寄西湖龙井茶；离开家乡多年的同学，身在美国因胃病不能喝茶，也忘不了杭州的茶香。用文化名人喝茶的故事，给杭州茶赋予了情感的温度、精神的高度，这是杭州茶经久不衰、永葆青春活力的文化基石。

吴铭是通过陈从周给贝聿铭和他在美国的同学琦君寄茶的故事来写杭州茶的品质的，无独有偶，在郑建新写的《胡适与茶》一文中，胡适在美留学期间让家人给他寄杭州茶的生动故事，也从一个侧面反映了民国时期的杭州茶情况。

胡适（1891—1962），原名洪骍，字适之，安徽绩溪人。他以倡导"白话文"、领导新文化运动而闻名于世。看看郑建新《胡适与茶》的记述，来了解一下胡适是如何钟爱杭州茶的：

> 胡适祖籍是老徽州。明清时徽州商人走遍大半个中国，闻名天下，胡适祖上是其中一员。徽州是有名的茶乡，胡适祖上经营的就是家乡的茶叶。其高祖父曾在上海东边的川沙开"万和"茶铺，胡适两岁时就曾随母亲在此寓居。其祖父不仅承继了祖业，还把业务进一步扩大，后来又在上海开设了茂春字号。山水的孕育和家庭环境的熏陶，加之茶本为文人学者所宠爱，从而使胡适的一生与茶结下了不解之缘。
>
> 胡适除少年时代曾在家乡绩溪县生活过，一生中绝大部分时间均是在外地奔波，然而对茶的钟情却是萦绕其一生的嗜

茶点·形形色色
（朱家骥摄影）

茶点·不见龙井
叶，但闻龙井香
（朱家骥摄影）

茶肴·春江水暖
（朱家骥摄影）

茶肴·五味茶香鸽
（朱家骥摄影）

好，无论到哪里，都是标准的茶人。这在他两次出国旅美期间，表现得尤为深刻。如1914年9月，胡适在美留学，在寄与母亲的家书中写道："乞母寄黄山柏茶，或六瓶或四瓶，每瓶半斤足矣。"……

1937年胡适再次赴美，所不同的是，此次担负寄茶任务不再是胡适的母亲，而改成妻子江冬秀。如1938年胡适给冬秀信中写道："你7月3日的长信，我昨天收到，茶叶还没有到？"及至后来茶收到了，先生又立即回信到："茶叶六瓶都已收到了。"1939年4月，先生再次嘱托冬秀寄茶，但这次要求寄的茶有所变化："（一）这里没有茶叶吃了，请你代买龙井茶四十斤寄来。价钱请你代付，只要上等好吃的茶叶就行了，不必要顶贵的，每斤装瓶，四十斤合装木箱。装箱后可托美国通运公司运来。（二）使馆参事陈长乐先生托我代买龙井茶四十斤寄来，价钱也请你代付，也装木箱，同样运来。"五个月后，先生又给妻子回信："你寄的茶收到了，多谢多谢。陈先生也要谢谢你。""陈先生还你茶叶钱，法币三百二十九元两角，寄上上海中国银行汇票一张，可托基金会去取。"从信中看得出，随着先生交际日广和生活水平的提高，其喝茶档次和品种以及茶叶数量不但在变化，而且极力宣传华茶，这在先生后来的家书中更可证明。"治平能替我买好的新茶（龙井），望托他买二十斤寄来。1940年3月20日"……[1]

---

[1] 郑建新：《胡适与茶》，载《茶博览丛书·爱茶者说》，浙江摄影出版社，2001年。

安徽也是中国的名茶大省，白居易在他的《琵琶引》中讲到的"前月浮梁买茶去"，这里的"浮梁"就是指今天安徽与江西交界的浮梁县。从郑建新的文章中我们清楚看到这位中国名茶大省安徽的茶商后裔胡适从爱黄山柏茶到爱龙井茶的转变，让人看到杭州茶究竟是靠什么在泱泱茶叶大国逐步登上"绿茶皇后"宝座的，其中最主要的实力是什么，核心竞争的基础又是什么；同时也告诉人们，龙井茶在民国时期走出国门、走向世界的巨大变化。

如果说丰子恺、郁达夫、陈从周、胡适这些名人爱杭州茶，主要是从杭州茶山、茶园、茶村的茶叶生长环境和品茶氛围来刻画杭州茶的，那么汪曾祺写到的龙井茶、虎跑水，那种杭州茶的醇香、鲜爽，真的让人垂涎三尺。

汪曾祺（1920—1997），江苏高邮人，著名散文家、戏剧作家，是京派作家的代表人物，被誉为"抒情的人道主义者，中国最后的一个纯粹的文人，中国最后一个士大夫"。这样一位学者，他述说龙井茶，确实让人感叹。

汪曾祺《寻常茶话》说的是他个人的喝茶经历，今天读来仍能感受到杭州茶的魅力。他在文中写道：

> 祖父生活俭省，喝茶却颇考究。他是喝龙井的，泡在一个深栗色的扁肚子的宜兴砂壶里，用一个细瓷小杯倒出来喝。他喝茶喝得很酽，一次要放多半壶茶叶，喝得很慢，喝一口，还得回味一下。
>
> 他看看我的字、我的"义"；有时会另拿一个杯子，让我

喝一杯他的茶。真香。从此我知道龙井好喝，我的喝茶浓酽，跟小时候的熏陶也有点关系。

后来我到了外面，有时喝到龙井茶，会想起我的祖父，想起"孟子反不伐义"。

我的家乡有"喝早茶"的习惯，或者叫做"上茶馆"。上茶馆其实是吃点心，包子、蒸饺、烧麦、千层糕……茶自然是要喝的。在点心未端来之前，先上一碗干丝。我们那里原先没有煮干丝，只有烫干丝。干丝在一个敞口的碗里堆成塔状，临吃，堂倌把装在一个茶杯里的佐料——酱油、醋、麻油浇入。喝热茶、吃干丝，一绝！

……

我在杭州喝过一杯好茶。

1947年春，我和几个在一个中学教书的同事到杭州去玩。除了"西湖景"，使我难忘的有两样方物：一是醋鱼带把。所谓"带把"，是把活草鱼的脊肉剔下来，快刀切为薄片，其薄如纸，浇上好秋油，生吃。鱼肉发甜，鲜脆无比。我想这就是中国古代的"切脍"。一是在虎跑喝的一杯龙井。真正的狮峰龙井雨前新芽，每蕾皆一旗一枪，泡在玻璃杯里，茶叶皆直立不倒，载浮载沉，茶色颇淡，但入口香浓，直透脏腑，真是好茶！只是太贵了。一杯茶，一块大洋，比吃一顿饭还贵。狮峰茶名不虚传，但不得虎跑水不可能有这样的味道。我自此方知

虎跑泉
（钱少穆摄影）

道，喝茶，水是至关重要的。[1]

汪曾祺的文章讲到了他一生中最难忘的就是"比吃一顿饭还贵"的茶，从中让我们看到了茶的内涵、茶的魅力。今天我们更应该从汪曾祺的文章中得到启发，传承杭州优秀的茶文化。从另外一个层面分析，在杭州西湖的山水之间，有大大小小几百个茶馆，为西湖山水增添了茶文化，提高了人们对休闲的认知度，让每一位到杭州游览的人增加了茶文化知识。茶比饭贵，诚然不能一概而论，从经营的理念看，却道出了杭州茶经营的要诀——这种经营应该是以茶为载体，是茶文化的经营，是精神文化与茶交融的茶文化产品的经营。汪曾祺的观点不是一朝一夕形成的，而是从小受到祖父喝茶的影响，以及家乡茶馆喝早茶的习惯熏陶，逐渐培养了他爱茶的嗜好和识别好茶的能力，使得他能为后人留下对杭州茶铭心刻骨的赞叹。"真是好茶！只是太贵了。一杯茶，一块大洋，比吃一顿饭还贵"，今天读来仍让人感到真切。

从上述这些有代表性的近现代名人，讲到的杭州龙井茶，给人以清雅、淡幽、香醇的感受，显示出龙井茶"色绿、香郁、味甘、形美"四绝的品质特征。再说说杭州茶馆，20世纪90年代以后，人们常这样来分类：

一是生活艺术的精品天地、都市茶艺馆，如青藤茶馆、你我茶燕茶馆、老开心茶馆、紫艺阁茶馆、钱运茶馆、和其坊茶馆、西湖

---

[1] 汪曾祺：《寻常茶话》，载《茶博览丛书·爱茶者说》，浙江摄影出版社，2001年。

湖畔居茶楼
（朱家骥摄影）

西泠印社四照阁
（朱家骥摄影）

国际茶人村等。

二是处于西湖山水间的景区茶室，如西湖国宾馆湖畔茶居、湖隐茶书屋、湖畔居茶楼、西泠印社四照阁、柳浪闻莺公园闻莺阁、吴山城隍阁等。

三是"茶山深处有人家"的农家茶居，如翁家山农家茶馆、三台山农家茶屋、茅家埠农家茶室。

四是杭州主题茶园，如黄龙洞圆缘民俗园、中国茶叶博物馆及茶博龙井馆区。

五是更为普遍的各类社区茶室甚至茶摊。

1.青藤茶馆和你我茶燕

先来看看家喻户晓的青藤茶馆和后起之秀你我茶燕。

著名杭州籍女作家张抗抗曾写过《守望西湖的青藤》，其中这样写道："说起青藤茶馆，如今怕是很少有人不晓得。细细追究起来，'青藤'是90年代在西湖边发出的新芽，并不是河坊街的老字号，仅仅七八年间，长藤弯弯，青叶缠绕，架起一座座浓荫蔽日的硕大茶棚，不说是个奇迹，至少也是带了些传奇色彩的。"

了解青藤的人知道，从1996年到2003年，青藤主人沈宇清与毛晓宇两个女孩在西湖倚城的三公园、一公园、六公园对面先后开过三家茶馆，但由于环湖整治，她们都离开了。2003年秋，她们很想再回到原来一公园的原址重新开店，可经过整治的一公园店建筑有近5000平方米，面积太大了，而且年租金要360万元，当时对两个女孩子来说简直是个天文数字。用她们的话来说："当时我和

青藤茶馆
（沈宇清摄影）

我拍档都还年轻，我们不太会表达，确实，没有足够的实力，也没有太多的经验。但是最终，业主把房子租给了我们。"有人说："没有杭州广宇集团（房主）对她们的信任与支持，也就没有今天的青藤。因为她们深深地感到，金钱买不到信任。我想这也许是张抗抗所说的至少带有传奇色彩的。"

张抗抗在《守望西湖的青藤》中还这样写道：

……"青藤茶馆"在四易其址之后，选择了元华广场二层，在一公园的西湖南线悄然开张。猛然扩大成5000平方米的面积，计有800多个座位。茶客光临的高峰时，茶席仍然不够用。即使在杭州这样温柔富足的龙井茶乡，喝茶喝出如此蔚为壮观的景象，也令人啧啧称奇。

"青藤"究竟握有什么样的秘密武器，让杭州人把一杯清茶喝得上了瘾？

新"青藤茶馆"掩于婆娑翠竹丛中，依然有着女性的含蓄与秀气。沿木梯拾阶上得二层，眼里掠过青石小桥泉水游鱼，一步一景，脚步顿时就慢了下来；四处流连顾盼，眼神也不大够用。围廊隔断的分割与设置，一改先前繁复的传统风格，赋予了现代的空间概念，只觉得抬头低头通畅敞亮，叫人想起凉风微袭的山间茶园；数间小巧玲珑的江南小筑，均以西湖十景命名，影影绰绰地藏在曲径通幽处；古色古香的窗格门扇、造型简洁颜色古朴的茶桌茶椅，藤制木质，件件精心得不留痕迹；灯具也是极讲究的，柔和的光线若有若无，便有了月夜星空下品茗的感觉；壁上镶嵌的橱柜木格，收藏各色紫砂名壶和历代茶具，还有墙上精心装裱的名家字画，如此浓郁的文化气息，茶馆不再是茶馆，而是一所小型的茶艺博物馆了——边走边看，峰回路转，就有迷路的担忧了，果然又有阔大的厅堂在前，一面弧形的白墙落地，简约而朴素，内里透出现代的开放意识；宽阔的阳台设有露天茶座，西湖碧波就在眼前，似乎伸手可触。逢年过节，一边品茗一边观赏西湖上空的璀璨烟花，将是怎样的好心情。忽然觉得"青藤茶馆"更像是一座内涵丰富的文化广场，杯水之中，竟是天外有天。

在一番细细品味青藤茶馆雅致而现代的环境后，不禁令人期待起青藤的茶来：

……功夫终究是下在一个"茶"字上——茶叶的品质、茶具之精美、茶艺表演，还有独到的待客之道。杭城的人都知道"青藤"所用的茶叶均为货真价实的上等佳品，片片让人放心；"青藤"沏茶所用之水，都是天然泉水；更值得称道的是"青藤"用以佐茶的各式茶点，真的可口入味，真的好吃，每一种制作都是不含糊的……[1]

"西湖幸有'青藤'，南来北往的爱茶人，从此都与'青藤'

---

[1] 张抗抗：《守望西湖的青藤》，中国散文网，2016年12月14日。

一起来守望西湖。"确实，张抗抗笔下的青藤茶馆，是守望西湖的一个文化地标，是改革开放以后杭州茶馆的一个缩影，甚至是一个传奇。"昨日的茶还未凉，今日喝茶人又回来了"，是杭州茶馆的真实写照。

而高贵典雅、宁静温馨的你我茶燕，坐落在杭州市玉古路上（浙江大学玉泉校区东侧）。"你我"品牌创始人倪晓英，毕业于浙江大学茶学系，多年来致力于创建"休闲、精致、温馨、浪漫"的茶业诗意化风格，以资深专业水准与敬业精神，打造着茶都茶馆服务行业的优质品牌——2009年以来，你我茶燕连续多年被评为五星级茶馆。

茶是地的精华，燕是鸟的精灵；茶养心情燕养颜，高天流云遇知音——你我茶燕追求中国传统茶文化与西方现代文化的结合，讲究细节、含蓄低调。馆内淡雅的纯羊毛手织地毯、柔软舒适的丝绒沙发、轻灵纤秀的丝质宫灯，伴随着入夜时分茶桌上星星点点的烛光，荷花池中潺潺流水，《平湖秋月》绕梁之音……让无数个你我，感受那份完美等待的温馨情调。

你我茶燕，茶好，水好，堪称专业，是茶都杭州优秀的茶艺服务典范。2006年，新中国成立以后首次全国茶艺职业技能大赛在杭州举办，大赛的第一名金奖选手就是你我茶燕的茶艺师。2013年，时隔七年后的第二届全国茶艺职业技能大赛的桂冠又被你我茶燕的另一名茶艺师摘得。一个茶馆连续摘得两届全国茶艺职业技能大赛桂冠，可以想象这家茶馆在茶艺创新、员工茶艺技能培训上的建树。当然，这一切离不开茶馆创始人倪晓英。

　　你我茶燕还有倪晓英茶艺技能省级大师工作室。工作室于2012年组建，2014年经杭州市评审公示后正式成立，2016年成为省级大师工作室。

　　工作室在茶业界创新经营，建设了具有传统与时代相结合风格的新型商务茶楼，创造出一套独特、优质的茶品沏泡技术，服务于广大顾客，深受国内外茶友的欢迎。大师工作室以公司拥有的各项茶资源为平台，现已成为省内外茶文化活动以及中外茶文化交流的一个窗口与基地。

　　工作室编创了多种茶类的原创茶艺30多套，多次在国内外茶事大赛中获奖；建立了一支优秀的茶艺师团队，组建茶艺表演队伍，多次在国家和省市级茶艺大赛中获奖，包括前面提到的两届国家级茶艺技能大赛冠军。这些努力为茶都茶事的繁荣发展、茶文化教育与传播作出了可贵的探索与重要的贡献。

工作室充分利用有师资、有场地、有茶样、有器具等各种优势，于2017年创办了"每周一茶"公益茶会活动，面向广大茶友，开展茶文化讲座、茶汤品鉴、茶叶鉴别及茶艺辅导等多元化推广活动，助力推进"杭为茶都"的城市品牌建设。至今已开展"每周一茶"公益茶会活动超过50场，从茶燕馆到茶山、景区、学校、企业、社区、敬老院等地，开展丰富多彩的公益课，深受爱茶人士的欢迎和好评。

你我茶燕还有自己的茶园。你我茶燕园龙井茶园位于被清代大学者俞樾誉为"西湖风景最胜处"的九溪十八涧之第三涧的茶山中。这里是西湖龙井的正宗产地，登茶山望九溪烟霞，山重重，水迢迢，蓝天为盖，丽云作幕，真是天地之间好茶园。

绿芽满日，茶丛尽染，茶园高地间隙处，可置三方茶席。茶与人，人与景，茶在席上，人在境中，融入山水。在茶燕园里来一场春山茶会，拥有古人曲水流觞之趣——执杯尽树影，列席皆丘壑，坐论茶道远，意岂在鱼跃？

一个茶馆，在卖茶水、做服务的同时，对茶艺技能精益求精，对茶艺人才孜孜培养，你我茶燕作出了榜样，不愧是茶都茶馆的后起之秀。

2.运河畔的老茶馆和老开心茶馆

以上讲述的两个茶馆或其茶园是面湖背城，可谓西湖边的茶馆（西湖于2011年6月24日成为世界文化遗产），接下来再来看看中

老开心茶馆寻闲心
（姚建心摄影）

国大运河杭州段边的茶馆（中国大运河于2014年6月22日成为世界文化遗产）。

2016年8月19日《杭州日报》上刊登的任轩（本名陈向文）《拱宸桥，时光深处的几家老茶馆》一文写道：

> 我们这里要说的是当年在拱宸桥的几家老茶馆，它们都已经在时光中湮没，但这些茶馆，给拱宸桥留下了点滴痕迹，也让拱宸桥在时间中变得分外生动。
>
> ……
>
> 在采访的过程中，一些关键的名称，我都会请受访者写下来，以便更准确识别。但这家茶馆，颇让我头疼。因为，无论新世台还是醒世台，都是跃然纸上的笔迹。一个人活到八九十岁，记不住往事并不稀奇，而对一些事情如烙印终生难忘，亦十分正常。因此，当他们十分笃定地写下这个茶馆的名称之后，我知道我不能再追问，这个难题只能由我去解决掉。
>
> 新世台，醒世台。起初，我觉得或许应该是醒世台，因为在一些讲述拱宸桥茶馆的资料中，就有这个名称的茶馆，其性质类似荣华、丹桂两家茶园。老人写得很清楚：醒世台。此家茶馆与福海里比邻，只隔着一条弄堂。福海里是清末民国时期运河畔有名的青楼之地，或许开茶馆的老板有醒世之愿景，故而将茶馆取名"醒世"亦不是没有可能。最终，直觉让我倾向于"新世台"这个名称。非说是什么原因的话，只有一个，这家茶馆当时可以打台球，在当时的拱宸桥两岸之茶馆，尚属独

荣华茶园遗址折射
出当年运河畔老茶
园的"活色生香"
（姚建心摄影）

家。阳春茶园的创立，要比荣华、丹桂两家茶园迟，新世台茶馆的创立，则比阳春茶园更迟。

新世台位于拱宸桥东大马路朝南的商铺中，当时沿着大马路的市肆，都是些两层楼的房子。新世台就是一家拥有上下两层营业空间的茶馆。

提到新世台的人们，几乎同时会提到福海里。这个词在杭州，类似八大胡同之于北京。新世台在双泉弄和福海里之间。其生意粘了福海里不少光。有些生客想到福海里，却又无人引荐，便会到新世台里先点上一壶茶，一来歇歇脚，二来也探探虚实，于是茶馆里，不仅有福海里的"眼线"，也有专门在拱宸桥东一带帮"幺二"拉皮条的人。另有一些常客，却也是喜欢先到新世台，再请托人去福海里唤来相好的女人。客人的身份，是新世台定位生意档次的基础。有了活色生香的福海里和到福海里寻欢作乐的上流人士，新世台便成为拱宸桥高档茶楼的后起之秀。

如果说戏园式茶馆是近代拱宸桥一带茶馆发展的第一阶段，那么新世台当算是第二阶段中的翘楚，其最大的经营特色，不是可以听戏，而是喝茶打台球。当今如果在中国大陆的哪个茶馆里看到有台球桌，恐怕这家茶馆会给人不上档次的感觉。然而，事实上，台球这项室内运动，在相当长的时间里，是被视为高雅之事的。公元14世纪时，欧洲一些皇室和贵族就十分重视台球活动，不仅有豪华讲究的台球室，还有严格的打球礼节，例如进入台球室不可高谈阔论或喧叫。但台球传入中国却是在19世纪的清末。

新世台茶店在拱宸桥的存在，恰恰也是这一带在历史上新旧文化不断相遇、碰撞、融合的有力印证。只是较为可惜的是，1938年以后，随着日寇对杭州的占领，对拱宸桥一带的控制，新世台的生意渐渐地衰退了，乃至早早地就退出了茶史的舞台，以致留给今天的故事和启迪太少。

拱宸桥，位于京杭运河杭州段上，大关桥之北，东连丽水路，西接桥弄街、桥西直街，是杭城现存古桥中最高最长的石拱桥。拱宸桥始建于明崇祯四年（1631），由举人祝华封（一说夏木江）募集资金造桥。清顺治八年（1651），桥坍塌。康熙五十三年（1714）二月，由布政使段志熙倡导并率先捐款，云林寺（即

钱运茶馆
（钱少穆摄影）

灵隐寺）的慧辂和尚竭力募捐款项相助，历时近四年，于康熙
五十六年十二月竣工。雍正四年（1726）李卫重修，光绪十一年
（1885）丁丙再次重修，基本形成如今的桥貌。桥全长98米，高
约16米，桥面中段略窄，为5.9米宽，而两端桥堍处有12.2米宽。

《论语·为政》说："为政以德，譬如北辰，居其所而众星
共之。"拱宸桥（"拱"与"共"通，"宸"与"辰"通）之名
或许由此而来。1895年，丧权辱国的《中日马关条约》签订后，
杭州被列为通商口岸。1896年，在拱宸桥地区建立杭州洋关，抗
战胜利后，洋关被废除。2005年，拱宸桥进行大修，这也是拱宸

桥近120年来头一次大修。2006年，杭州运河集团又将长3米、重2吨的护桥石作了更换。古老的拱宸桥，以更坚强的形象横跨在大运河上。

任轩一文还写到了"菜农一边做着买卖，一边在茶馆喝茶"的情形：

尽管生于闽南茶乡，在茶都杭州也已经生活了十五个年头，茶馆与农家乐结合的当代形式也体验过，但是我仍有相当长一段时间对菜农与茶馆的关系感到困惑。当我听着受访对象向我介绍品芳茶室的常客时，我的内心感到惊讶和不可思议。在我小的时候，每日早晨所见到的喝茶者，虽然也不外乎渔民、农民、工匠三种身份的人，但那是他们在闲暇未出工之时在自家的生活状态。而品芳茶室的茶客菜农，则是一边做着买卖，一边在茶馆喝茶。

品芳茶室位于大马路靠近运河的一端。向我介绍过拱宸桥东茶馆历史的人们，每个人皆提起过这家茶馆。

民国时期，品芳茶馆每天有两个高潮段：一在清晨，一在夜幕降临之后。

清晨5点钟左右，品芳茶室就会卸下第一块门板，标志着这一天的营生正式拉开了帷幕。附近的菜农，挑着刚从地里新采摘的农作物陆陆续续来到品芳茶室的门口。品芳茶室大门外两侧一字排开着10多张桌子，先到的菜农，可以占得一席之地，裤管上的泥巴还来不及去掉，手上的热茶已经喝起。七八点钟的光景，品芳茶馆迎来了第一波高潮。此时，菜农们基本已经到齐。茶馆门口两侧，大马路沿街一溜儿全摆着菜摊。瓜、果、菜，乃至鱼虾，新鲜水灵，一应俱全。在此情境中，人们甚至很难定义究竟是菜贩在喝茶，还是茶客在买菜。在生活面前，每个人都不只有一种身份，或许这才是最好的解释。

菜贩们喝着茶，有些特别省吃俭用，一撮茶叶泡到无味仍不断添水，品芳茶室的服务员亦不会介意，照旧热情服务。买菜的人们，把菜摊逛了个遍，买下自己想买的菜，便可寄在菜

运河边茶馆旧影

摊主那儿，然后到品芳茶室屋内挑个位置，点上茶，再要个馒头、油条，慢慢享用，吹牛侃大山，直到心满意足再走到菜摊拿上自己的菜回家去……偶尔也会出现把熏黑的牛骨冒充虎骨卖的江湖野郎中，运河畔大马路的上午就这样在喧嚣嘈杂与真真假假中流逝。之后，时光进入平淡的午后，茶馆就像被枪打过的林子，平静得好似经营不善将无以为继快要关门歇业的模样。这种情况会一直持续到太阳下山。当夜幕降临，品芳茶馆又会像一壶被烧开的水，意味着这家茶馆将迎来这一天中的第二波高潮，也是最后的一波高潮。

随着夜幕降临，投宿者，水手，寻花客，渐渐多了起来。不同身份与实力的人，选择不同的落脚点，品芳茶室属于比较大众化的茶馆，运河上的水手、小混混和并不富裕的旅客是其夜晚的主要顾客。这些人在茶室内或倾诉一天的辛劳和见闻，或密谋心中的欲望，或打发孤寂的旅程，倒也是一种别样的风景。茶客们的窃窃私语或高谈阔论，在茶桌之间穿来走去挽着竹篮卖香烟、瓜子、花生米的大阿嫂，有时还会有跑江湖的艺人到茶室内说唱一段滩簧或小热昏。如今，这样的景象已颇难以得见。因为在这个凡言茶必及文化的时代，茶已经文化得不太像样，少了些市井之魂。

任轩的这篇文章写的是大运河边上的历史茶馆，从边喝茶边打台球，到边喝茶边做买卖，折射了一个时代的一种生活方式。那么，我们再来看看老开心茶馆创始人周鹏写的《独守运河畔的曲浓茶香》（稍有修改），则又是一种味道，文中说：

坐落于拱墅区拱宸桥西吉祥寺弄的老开心茶馆，毗邻京杭大运河，古街深巷，这里没有大都市的闹嚷的繁杂，只余宁静和闲适，颇有种"大隐隐于市"的感觉。

茶馆建筑前身为中心集施茶材会公所，建于20世纪20年代。最初主要由拱宸桥一个挑脚工人王嘉耀发起成立，是杭州首个慈善行会，以从事施茶等民间慈善救济事业为主。老墙石库门的副天盘上尚留有"中心集施茶材会公所"的刻字，落款时间为"民国甲子仲春"（1924年3月）；东北、东南围墙角上各有一块"拱埠中心集界"字样的界碑，字迹清晰可见。这座有着近百年历史的老宅内，青砖小瓦，天井院落，处处透露出江南建筑的风味，每一个转角，每一件摆设，都营造出传统文化的情境。

2011年，国家级非物质文化遗产"杭州小热昏"代表性传承人、杭州著名电视节目《开心茶馆》主持人"老开心"周志华先生，在旧址基础上创办老开心茶馆，致力于宣传杭州茶文化、曲艺文化以及杭州风俗民情，让这处百年历史建筑重新焕发光彩。

"中心集施茶材会公所"题刻及界碑

因此，这家茶馆有别于杭州其他清茶馆和自助茶楼，是一家将茶文化、曲艺文化融于一体的茶馆。杭州茶文化融入曲艺文化中，并以杭州小热昏、杭州评话、越剧、相声、快板等民间喜闻乐见的非遗曲艺表演形式展现出来，既向游客展示了杭

老开心茶馆
（朱家骥摄影）

州茶文化的独特魅力，还以杭州民俗文化为特色，为杭州传统
曲艺提供了展示的平台。

您来到老开心茶馆，既可以体验茶艺，还能听上一曲越剧
民歌《采茶舞曲》，听着小热昏、相声、快板说一说茶，待到
茶凉曲散，仍意犹未尽。当您品尝茶的同时，还能欣赏原汁原
味的地方戏曲，让心灵得到传统文化的熏陶，让喝茶能喝出一
方的文化味，让手中的一杯茶透出杭城的民俗民风。这正是杭
州茶文化中独有的风采，与杭州优秀的传统民俗文化、优秀的
茶文化相融。

老开心，顾名思义，就是让老年人开心。这个社会，老年人天
天开心，城市的幸福指数可想而知。

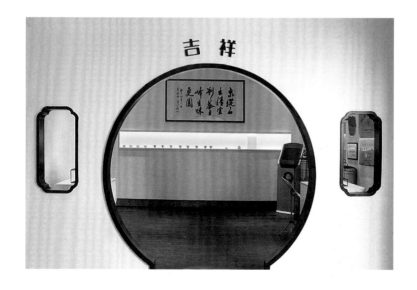

老开心茶馆
（朱家骥摄影）

老开心茶馆以茶为载体，以弘扬茶文化、传承非物质文化遗产为己任，打造了一个大型开放式曲艺体验馆，不仅将传统曲艺和茶文化相融合，打造独一无二的茶馆文化，更是在杭州市传统文化促进会的支持下，走出茶馆，进行茶文化进社区演出活动，以社区居民喜闻乐见的方式，使杭州茶文化融入百姓生活中，从日常生活到人生意境，从强身健体到精神修养，起到别具一格的作用。老开心茶馆将带给看客茶友全方位、多种类的艺术享受和熏陶，留下茶的余味和艺术的回味，为推动"茶为国饮"、擦亮"杭为茶都"，吸引更多的中外游客爱上茶文化而来杭旅游锦上添花。

茶馆还会结合不同的节气，推出不同的茶产品，以文化沙龙、曲艺表演的形式进行内容包装，宣传推广。茶馆还承接不同企业和单位的个性化茶曲文化产品定制。这种茶产品推广形式受到了

老开心茶馆
（朱家骥摄影）

各个企业和单位的欢迎，并发展了一大批稳定的客户群。

茶馆的特色茶曲文化还赢得了社团机构、各大企业的青睐，各单位经常以老开心茶馆为落脚点，举行各种会务活动。作为拱墅区茶文化体验点、杭州特色休闲示范点、拱墅区最佳特色宣传文化教育基地，茶馆在中国旅游日开幕式、大运河庙会等承办的各类会务活动中都加入了茶曲文化的内容。

茶馆还经常性地举办各种文化交流活动，以大运河茶会、大运河文化沙龙等形式，促进拱墅区文化企业交流。同时，根据传统节日特色举办各种民俗活动，将茶文化推广与民俗曲艺活动结合在一起。

茶馆更以茶曲特色文化为卖点，与文化旅游相结合，针对中小学生打造了茶文化、戏曲文化相结合的研学之旅，让孩子们既领略茶文化的底蕴，也体会到戏曲文化的魅力。这种形式以传承和弘扬中华优秀传统文化为目的，通过研学和熏陶，可让下一代人真正做到胸藏锦绣怀若谷，腹有诗书气自华。

常来老开心茶馆的茶客曾称赞："北有老舍茶馆，南有老开心茶馆。"老开心茶馆现在的规模和名气没有北京老舍茶馆大，地处桥西历史文化街区的僻静处，但老开心的经营理念与北京老舍一脉相承，那就是以弘扬优秀传统民俗文化为己任，把普通老百姓日常生活中喜闻乐见的生活习俗、生活艺术融于茶之中。

功夫不负有心人，老开心茶馆用曲艺与茶宣传大运河这一世界文化遗产，吸引了大量来杭的中外游客，也吸引了全国各地的同行前来考察学习。如在G20杭州峰会新闻中心正式投入运行首日，茶

老开心茶馆的特色
便是杭州曲艺
（朱家骥摄影）

馆就迎来了新华社记者的采访报道。

巍巍拱宸桥，悠悠运河水。老开心茶馆承载着历史的责任，弥漫着清新的茶香，流淌着别具一格的曲艺文化，焕发出茶曲文化融合的独特光芒。

3.刘庄西湖国宾馆湖畔茶居

介绍湖畔茶居前，先说说刘庄西湖国宾馆。

西湖国宾馆坐落在西湖西面，三面临湖、一面靠山，庭院面积36万平方米，因环境优美、建筑精巧、陈设典雅而得"西湖第一名园"的美称。其前身为19世纪末期建成的水竹居，却已难觅旧痕。

现在的建筑是我国著名园林专家、建筑学家戴念慈在20世纪50年代重新设计改建的，又经过世纪之交大规模的翻建整修。

西湖国宾馆为何称刘庄？是因为当年水竹居的主人叫刘学询。

刘学询（1855—1935）是广东香山（今中山市）人，祖上经商起家，居住在广州西关的柳波涌与荔枝湾之间的刘园，当时也算广州数一数二的名园了。他24岁中举，不久北上会试，南归时来到西湖。看到西湖美丽的风光，他不由借用苏轼诗句赞叹道："故乡无此好湖山。"他走到杨公堤上，看到卧龙桥边的宋庄（后改名郭庄），好生羡慕，以"新科举人"的名义上门求见，因为主人当时另有客在，遭到婉拒。刘学询于是动念，要在当地造一座更好的园子。七年后，刘学询考中进士，但官职不尽如人意，于是步入商界，很快成为广东巨富。1898年，他重返杭州，高价买下了丁家山南面紧傍西湖的大片土地，开始致力于建设他的水竹居，也就是

刘庄湖畔茶居
（朱家骥摄影）

刘庄。进士出身的刘学询，对于古代园林，胸中自有丘壑。通过水竹居的建造，他把自己的造园理念和艺术付诸实践。历时八年、耗资十余万银两，终于1905年底完成了这一浩繁的工程。水竹居，除了水，便是竹。水，可达外湖，到涌金门；竹，能覆荫，宁静致远，为做人的品行。

刘学询将广州刘园中的名贵花木悉数运抵杭州，又搜罗岭南各色精致家具，置于水竹居内，因此水竹居的亭园陈设颇具岭南风情。园内的一草一木、一桌一凳、一石一瓦，都是经过他再三考虑才布置的，每一间房屋各有不同的形态和特色。那一个个的盆景，栽着一株株式样奇古的小树，婀娜多姿。湖畔楼房里的一间大厅，更是令人称绝。厅内的陈设犹如故宫，器具全是花梨木、紫檀木的，嵌以珠玉，雕以花纹，还有不少珍贵的古董。大厅正中挂着一幅倪元璐画的松，左右有文徵明、唐寅、祝枝山、王翚的山水画。水竹居背山濒水，环境幽静，建筑豪华，陈设古朴典雅。内有迎宾馆、梦香阁、望山楼、湖山春晓等楼台水榭，曲桥、亭廊、山水互为借景，布置得体，可博览西湖之美，又最得天趣，故被誉为"西湖第一名园"。

据说，刘学询由于为孙中山革命筹款，发生债务问题，水竹居曾被查封拍卖，标价高达两千万两白银，始终无人问津。1916年，浙江督军安排康有为到水竹居避暑，康有为在此住了一个月。其间，他越住越觉得那一带是风水宝地，索性自己买下了水竹居北面丁家山下的大片土地，建造了一个自己的园子——一天园（康庄）。康有为还模仿欧阳修《醉翁亭记》和苏轼《喜雨亭记》，写了篇《一天园记》。1927年，康有为去世。北伐军进驻浙江，省主席张静江下令查封一天园，理由是："保皇余孽，占据公产。"

新中国成立后，刘庄被定为浙江省第一招待所。1953年12月27日，毛泽东率领宪法起草小组成员胡乔木、田家英等抵达杭州，第一次住进刘庄一号楼。1954年3月，新中国第一部宪法草案初稿在杭州诞生。1953年至1975年间，毛泽东曾先后27次入住刘庄，至今仍可觅到不少伟人的足迹，毛泽东赏雪处、读书处、采茶处、学英语处等碑刻随处可见。毛泽东曾邀请国学大师章士钊至刘庄叙旧。当时，章士钊陪毛泽东上丁家山后说："是处风景极佳，宜于商议社稷大事。"1972年2月26日，由周恩来总理和外交部副部长乔冠华与尼克松总统、基辛格博士一行，在刘庄就《中美联合公报》的文本作最后商议修改，基辛格称这里是改变世界格局的地方。

湖畔茶居，就位于这环境雅致、充满历史感的西湖国宾馆南翼。可以设想，在如此环境中喝茶，可谓是仙饮，只见亭台楼阁、小桥水榭、曲廊修竹、古木奇石，入眼皆景。择此而居，可享春访桃花夏观荷，秋来赏桂冬瞻松之趣，更有竹风一窗、荷风半床的清恬之境。抬眼东望，湖上十里尽收眼底。有人称"湖畔茶居是西湖看风景最好的茶馆"，来过这里喝茶的人称赞是"与西湖最亲近的

刘庄湖畔茶居
（朱家骥摄影）

茶馆",而在此工作的一位茶艺师说"湖畔茶居是把西湖泡进茶盏里的茶馆"。

湖畔茶居,品茶大厅装饰典雅,灯光温馨,又紧挨西湖,风景宜人,在这里喝茶就是一种享受,如临仙境,似入画中,让人心旷神怡,陡然会诗兴大发。茶厅除了供应几十种茶以外,还提供各式茶点、时令水果。茶艺师、服务员的态度也很好,会随时为你添茶续水、端盘送点。

据湖畔茶居自我介绍,茶室临湖傍水,自然环境得天独厚。找个僻静的角落煮一壶水,将茶叶放入杯中,倒上水,看每片叶子都

刘庄湖畔茶居
(朱家骥摄影)

同为临湖茶馆的
湖畔居茶宴席
（朱家骥摄影）

舒展开来，随之翠嫩欲滴地静躺下来，然后轻抿一口，点点苦味之后便是悠长的甘甜——龙井的味道。茶居里有两个不算很大的厅，可供聚会等小型活动。

有人曾亲历后写道："有一次参加某银行组织的VIP沙龙活动去的，印象不错。服务生也彬彬有礼，服务比较周到。其实人均价格本来没这么贵，我们包了场，人均100元也够了，结果来的人不多，才使这个均价提高了不少。但是环境真是没得说，让初冬的寒冷停在窗外，融在暖暖的阳光中，还有瓜果零食，这是有闲时一定要体验的享受。由于是包场，没有别人的打扰，服务员也只在招呼时才进来问有什么需要，而这正是我认为理想的服务境界。"还有人留言说："位置比较好，双休日，约几人，感觉很舒服，点茶以后，干果、小吃、水果就可以随便吃了，一边玩一边吃，为喧闹都市生活的人们提供了一个休憩的好场所。"

4.湖隐茶书屋

北山街，位于杭州西湖北侧，东起保俶路，西至曙光路，南临西湖，北靠宝石山。这里有岳飞墓（庙）、首届西湖博览会工业馆旧址、秋水山庄、孤云草舍、坚匏别墅、抱青别墅、静逸别墅、穗庐、玛瑙寺等一大群历史建筑。这是杭州将历史文化气韵与自然风光丽姿结合得最完美的一条历史街区，被当地人誉为"一步一风景，一景一传说"。

就在这山水与历史融合成美景的北山街中段，有一家"门对西湖岸，家传民国范"的新新饭店，湖隐茶书屋就"隐"在其间。

新新饭店北靠葛岭初阳台，南览里外西湖全貌，东接保俶断桥，西连孤山西泠，前有白堤十锦塘，山环水抱，天人合一，实乃风水胜景。

新新饭店始建于1913年，一流的地理环境，古老的历史建筑，曾吸引了无数的社会名流驻足于此，如杜威、芥川龙之介、宋庆龄、宋美龄、蒋经国、陈布雷、朱家骅、于右任、李叔同、徐志摩、巴金、胡适、张元济、史量才、刘子衡、鲁迅、茅盾、郭沫若、丰子恺、华罗庚、启功、沙孟海、汪道涵、李可染、程十发、周昌谷、傅抱石等众多政要和社会名流。1929年，浙江省主席张静江在此坐镇指挥首届西湖博览会。1935年，奥地利姑娘瓦格娜与中国警官杜承荣在此上演了一场催人泪下的跨国恋情。1981

年，首届中国电影金鸡奖和第四届大众电影百花奖明星夏衍、秦怡、白杨、达式常、王馥荔、张瑜、谢晋等在此下榻。

新新饭店由东楼（前身为始建于19世纪末的何庄）、西楼（始建于1912年的孤云草舍）、中楼（始建于1922年的董庄）、秋水山庄（始建于1932年）和北楼等楼群组成。西楼、中楼于2005年被公布为浙江省省级文物保护单位，秋水山庄是杭州市市级文物保护点。

新新饭店人文积淀深厚，故事可以说上一大筐。无论是史量才与沈秋水在秋水山庄演绎的爱情故事，还是浙江省主席张静江在此坐镇指挥首届西湖博览会，还是徐志摩与胡适等人在新新饭店整整住了九天，留下了文情并茂的《西湖记》一册等等，都是一段传奇佳话。

新新饭店
（钱少穆摄影）

不知是风景还是人文吸引了湖隐茶书屋的主人，选择了临湖的北山街，选择了新新饭店这家百年饭店，而且取名"湖隐"，这茶，这书屋，可想而知，该多么吸引人。

我们来看看湖隐茶书屋自己是如何诠释的：

湖隐，几个月前还是新新饭店的法餐厅。如今，它可能是西湖边最具人文气息的茶空间。"人文"或许是准确的，而"茶空间"则又未必尽然。

装修依然是法餐厅的装修，这样既省钱省时间又省心。在搬空了所有餐桌和餐椅后，搬进了明式大小头柜、四平霸王枨长案、榉木南官帽椅、SoLIFE定制的老柚木Boro织物沙发、"悖论集"定制的铝木书架和茶炉台，挂上了隐元禅师的"鸟鸣山更幽"、木庵禅师的"煎茶会亲友"、江户时期的筑前琵琶、方舟新斫的伏羲绿绮蕉叶，茶几上摆放了公元3世纪的犍陀罗佛像和庞喜的喜研茶器，条案上摆放了明代的木雕罗汉和东升的器象紫砂，波斯地毯上摆放了LV的古董描金旅行箱和20世纪40年代的美国铜质落地灯，书架上摆放了宋代茶盏和各类图录书籍……

有为转变。湖隐的主人们热衷于玩这样一个不装修只布置的游戏。就这样，没有包工头，只有搬运工，法兰西风情的浪漫餐厅硬生生被"磨磨蹭蹭"地布置成了一个客人来了有好茶、朋友来了有好酒的混搭空间。

混搭，没准儿更准确。在某种程度上，混搭更指多元与包

湖隐茶书屋
（朱家骥摄影）

容，是一种没有风格的风格。如果一定要把湖隐归类于某种风格，那么或许这种不着边际的没有风格的风格就是湖隐的风格，因为湖隐的主人着实混搭了好几个。湖隐就像几个顽皮的孩子共同看管的铁皮盒，放满他们喜爱而又舍得拿出来分享的玩具，"喜爱与分享"就是湖隐不着北的风格。

　　这些散落在空间里的"玩具"，一部分是主人们的旧藏，一部分是主人们好友的作品，或许价值不菲，或许得来不易。客人来了，湖隐的茶艺师会用湖隐主人们认为美好的器皿为他泡一壶湖隐主人们认为美好的茶。茶品自然也是取自各方老友和主人的私藏。和空间一样，"喜爱与分享"也是湖隐茶品的选择原则。除了茶，湖隐的主人们还偷偷备了一些手冲咖啡、威士忌、陈年黄酒和古巴雪茄，当然这些是不打算拿来换钱的，而是用来招呼各方老友和犒劳自己的。

湖隐说得好，"可能是西湖边最具人文气息的茶空间"，字里行间透着坚定与自信，透着对西湖环境、对古老建筑历史的谙熟。他们没有抛弃原有的，而用混搭的理念包容多元，这让人看到"中国茶都"人经营茶的新理念与宽广的胸怀。

"个人的美学经验愈丰富，他的趣味愈坚定，他的道德选择就愈准确，他就愈自由……一个有品位的人，总是较少受惑于煽动和咒语。"这段话"断章取义"自布罗茨基的演讲稿。不知道湖隐主人们坚定的趣味和对煽动与咒语的抵制，能不能够证明他们是有着丰富美学经验的人群。

因此，不要再很怼然地问"茶空间里不是该放古琴那样子的音乐吗？而你们为什么总是放巴赫的'大无'"，因为某一个主人喜欢；也不要再被那张示现忿怒相的不动明王吓倒，因为那是另一个主人收藏的艺术品；不要再问"为什么湖隐的茶艺师没有穿白衣飘飘的茶人服"，因为玩玩就好，装神弄鬼会让湖隐的主人们膈应……

湖隐的主人们也许没有丰富的美学经验，但他们懂得抵制与坚持。湖隐展示"喜欢"，但是不强求"分享"，湖隐只想在西湖边静静做一间它的主人们和朋友们都喜欢的有坚持的茶空间。如果你也喜欢，那么常来，或许某一天湖隐的主人会盛情邀请你喝一杯珍藏的好酒。有设计师的偏执，有文人的洒脱；比大多数设计空间多那么一点点沉淀和人文的温度，比老派的文人空间多那么一点点当下和设计的清新：这就是湖隐，无关新与旧，无关东方与西方，只有喜欢与分享。或许，还有那么一丁点儿自在。

王小波说："一个人只拥有此生此世是不够的，他还应该拥有诗意的世界。"……[1]

的确，茶空间应拥有诗意的世界，湖隐的茶空间理念让千年古老传统的茶文化，成了当今的时尚。

杭州的茶馆是一道亮丽的风景线，杭州这座城市以秀丽的风景、深厚的文化、闲适的民风为特色，为茶馆的设置提供了环境与人文的巨大空间。从近现代名人雅士为杭州茶留下的史实，从历史伟人慕名杭州茶写下的史话，从传承杭州茶文化并呈现给更多人的杭州茶人，这些都充分说明中国茶都里的杭州茶馆，是茶文化的体验空间、传播基地，也是茶文化本身不可或缺的重要组成。鉴于篇幅，不再一一详细叙述。到杭州的中外朋友，一定选择一下适合自己的茶馆去坐一坐、品一品，亲身体验一下杭州茶，领悟一下杭州乃至中国的茶文化。

有人说，当今的杭州茶及与杭州茶相关的产业，其价值已远远超出了茶作为中国传统饮料最基本的自然物质的作用。茶及茶产业正在与杭州的青山绿水，与这座历史文化名城悠久的人文沉淀，与

---

[1]《湖隐：有茶，有酒，只为一场美学盛宴》，载http://321ku.com/27034.html，2018年1月12日。稍作修改。

当今社会经济的发展相联系，发挥着积极、重要的作用。"2004CCTV城市中国系列活动"组委会在评定杭州为"中国十大最具经济活力城市"时，给了这样一段综合评语："一个将天然优势与现代产业巧妙结合，引领休闲经济潮流的城市；一个生活就像在旅游，懂得将安宁幸福的感受转化为活力和财富的城市；一个以不温不火的态度和风风火火的速度走出了自己节奏的城市。"从"西湖论剑"到"钱江弄潮"，这座城市在水到渠成之后，正一步步迈向海阔天空。这也可视作杭州茶发展的真实写照。

人们都知道阿里巴巴是国内最著名的网站，它的总部设在杭州。当许多记者采访阿里巴巴创始人马云，问他的第一桶金是在哪里采到的时候，马

湖隐茶书屋里的筑前琵琶（朱家骥摄影）

云回答："是在西湖边的茶馆里。"因为西湖边的茶室环境优雅、茶香浓郁，适合马云萌发许多创业思维，所以他说就是西湖边的茶馆给了他许许多多好的创意。他的亲身经历证明茶与杭州城市相结合可以产生不可估量的生产力。

（三）中国国际茶叶博览会永久落户杭州

2017年5月18日至21日，首届中国国际茶叶博览会在杭州国际博览中心举行，主题是"品茗千年，中国好茶"。这是中国政府首次举办的最权威、最具影响力的国际性茶叶盛会。习近平主席向大会发来贺信[1]：

值此首届中国国际茶叶博览会在杭州举办，我谨致以热烈的祝贺，并向各位嘉宾表示诚挚的欢迎！

中国是茶的故乡，《茶经》有云："茶之为饮，发乎神农氏"。茶叶深深融入中国人生活，成为传承中华文化的重要载体，从古代丝绸之路、茶马古道到今天丝绸之路经济带、21世纪海上丝绸之路，茶穿越历史、跨越国界，深受世界各国人民喜爱。

希望你们弘扬中国茶文化，以茶为媒、以茶会友，交流合作、互利共赢，把国际茶博会打造成中国同世界交流合作的一个重要平台，共同推进世界茶叶发展，谱写茶产业和茶文化发展新篇章。

预祝首届中国国际茶叶博览会取得圆满成功。

中华人民共和国主席　习近平

2017年5月18日

---

[1] 2017年5月18日农业部（今农业农村部）部长韩长赋在首届中国国际茶叶博览会开幕式上宣读该贺信，原载《茶讯》2017年第5期。

西湖博览会茶艺表演
（朱家骥摄影）

　　有人会问，茶发源于中国，安徽、江西、福建、云南、贵州等都是茶叶大省，中国国际茶叶博览会缘何永久落户杭州？中国网2017年5月14日的报道给出了明确的答案："原因在于杭州在茶叶相关领域有着巨大优势。"杭州是世界上茶叶科研院校最集中的地方，也是世界茶科技人才集聚中心，这里有中国农科院茶叶研究所、中国茶叶学会、中国茶叶博物馆等"国"字号茶研机

龙坞茶镇
（张闻涛摄影）

构，有浙江大学茶学系、浙江农林大学茶文化学院等专业院校，还有十八棵御茶、茶都名园、龙坞茶镇、梅家坞茶文化村等众多茶文化体验点。

围绕"品茗千年，中国好茶"主题，农业部（今农业农村部）部长韩长赋作了主旨演讲[1]，他说：

> 茶是中国与世界交流与合作的桥梁纽带。从公元5世纪开始，通过陆上和海上丝绸之路、茶马古道，中国茶及茶文化流传到世界各地。9世纪唐朝茶叶开始传入朝鲜、日本；15世纪初明代郑和下西洋，将中国茶叶带到了东南亚、阿拉伯半岛，直至非洲东岸；17世纪中国茶叶开始销往欧洲，1712年法国出版了《茶颂》，饮茶之风迅速风靡欧洲；200多年前首批中国茶农跨越千山万水到巴西种茶授艺，100多年前中国的茶师把种茶、制茶技术带到了黑海边的格鲁吉亚。现在，全球产茶国和地区已达60多个，茶叶产量近600万吨，贸易量超过200万吨，饮茶人口超过20亿。茶产业已成为很多国家特别是发展中国家的农业支柱产业和农民收入的重要来源，茶文化已成为全世界共同的精神财富。一代又一代的"丝路人"以茶为媒，以茶会友，架起了各国间合作的纽带、和平的桥梁。茶叶作为古丝绸之路的标志性产品，必将为推进"一带一路"建设作出新的贡献。

---

[1] 韩长赋：《在首届中国国际茶叶博览会开幕式暨中国茶业国际高峰论坛上的主旨演讲》，载《中国茶叶》2017年第6期。

……

目前，中国已成为全球最大的产茶国和茶叶消费市场。2016年，中国茶园面积287万公顷，产量240多万吨，种植规模世界第一，消费量超过200万吨。多年来形成了长江中下游名优绿茶、东南沿海优质乌龙茶、长江上中游特色绿茶、西南红茶和特种茶等四大优势区域，是世界上唯一生产绿、红、青、黑、白、黄六大茶类的国家，同时，茶具、茶食品、茶保健品等衍生品不断涌现，茶旅游蓬勃发展。

在中国，茶叶一头连着千万茶农，一头连着亿万消费者，是为茶农谋利、为饮者造福的产业。做强中国茶产业，是推进农业供给侧结构性改革的重要内容，是助力脱贫攻坚的重要途径，是发展现代农业的重要任务。我们将采取有力措施促进茶产业发展。

……

当前，世界多极化、经济全球化、社会信息化、文化多样化深入发展，全球茶产业发展面临大好时机。今天，我们在这里以"品茗千年，中国好茶"为主题举办茶博会，就是要推进国际茶业技术创新大合作，提高茶叶生产的规模化、集约化、标准化、绿色化水平，促进全球茶产业转型升级；就是要搭建全球茶产品营销推介大平台，促进生产、流通、消费有效衔接，让中国好茶走向世界，让世界好茶走进中国；就是要促进世界茶文化大交流，以茶会友，通过论坛交流、茶艺表演、茶咖品鉴等活动，展示不同国家茶文化的魅力。

茶博一品亭
（钱少穆摄影）

茶博九碗居
（钱少穆摄影）

2018年5月18日至22日，第二届中国国际茶叶博览会在杭州国际博览中心举行。本届茶博会以"茶和世界，共享发展"为主题，通过中国茶业国际高峰论坛、国际茶咖对话、当代茶文化发展论坛等专题活动，以及茶叶品牌推介、茶乡风情展示、手工炒茶和斗茶大赛、茶韵品鉴、茶艺表演等系列茶事活动，进一步促进了茶贸易的发展，展现了茶文化的魅力，推动了茶产业的提升，加强了中国与世界的交流与合作。

茶为国饮，杭为茶都。

杭州自古为文化重地，人文积淀丰厚，历史上曾是"海上丝绸之路"的起点之一，现在又成为"一带一路"地方合作委员会的牵头城市，发挥历史人文优势，服务国家战略大局，是杭州茶的优势与责任。

杭州茶，是杭州的、中国的，也是世界的。

昔日，杭州茶以独特韵味创造了中国"绿茶皇后"的辉煌。

今天，杭州茶站在新的历史起点上，面临更广阔的发展前景，以新的姿态再起航。

"茶通天下无国界"，茶早已跨越国界、跨越民族、跨越语言，如能在一杯清茶中推动文明互鉴，在品茗论道中推动贸易发展，那将是杭州茶的无上荣光与无限魅力。

西湖龙井茶基地
（姚建心摄影）

四 茶艺茶韵

（一）西湖龙井

西湖龙井茶
（张闻涛摄影）

西湖龙井主要产于杭州西湖西面，东起虎跑、茅家埠，西至杨府庙、龙门坎、何家村，南起社井、浮山，北至老东岳、金鱼井的168平方公里的区域内。其外形为中间大、两头小，似碗钉；条索扁平光滑，挺秀尖削；干茶色泽嫩绿鲜润，金边绿叶，略带糙米色；香气嫩香馥郁、持久，有嫩栗香或兰花香；滋味鲜醇甘爽；汤色嫩绿鲜亮、清澈；叶底幼嫩成朵、匀齐，嫩绿鲜亮。它素以"色绿、香郁、味甘、形美"四绝著称。为中国地理标志保护产品。

（二）径山毛峰

径山毛峰主要产于余杭区与临安区交界的径山，故名。径山茶的地理标志产品保护区域包括余杭区径山镇、余杭街道、闲林街道、中泰街道、黄湖镇、鸬鸟镇、百丈镇、瓶窑镇、良渚街道。其外形细嫩显毫，色泽绿翠，香气馥郁，滋味嫩鲜爽，汤色嫩绿明亮，叶底细嫩成朵且嫩绿鲜亮。它素以"崇尚自然，追求绿翠，讲究真色、真香、真味"而著称。为中国地理标志保护产品。

（三）千岛银珍

千岛银珍为针芽形绿茶，以春季单芽为原料，经鲜叶摊放、杀青、初烘理条、复烘、整理、足火提香工艺制成。主要产于建德市境内李家镇、大同镇、航头镇、寿昌镇、更楼街道、新安江街道、洋溪街道、下涯镇、莲花镇、杨村桥镇、大洋镇、梅城镇、三都镇、乾潭镇、钦堂乡等新安江沿岸。其外形挺直似针，色泽嫩绿鲜活，汤色嫩绿明亮，香高浓郁，鲜醇回甘，冲泡后悬垂玉立于杯中，令人赏心悦目。为中国地理标志保护产品。

千岛银珍
（钱少穆摄影）

茶都雅韵

采茶姑娘
（姚建心摄影）

采茶忙
（鲁南摄影）

外国游客体验采茶
（姚建心摄影）

（四）天目青顶

天目青顶产于临安区东天目山的太子庙、龙须庵、溪里、小岭坑、朱家村及森罗坪等地。其外形条索略扁，形似雀舌，叶质肥厚，芽毫隐露；色泽绿润；汤色清澈明净，芽叶匀齐成朵；香气持久，耐泡，滋味鲜醇，具天然花香。

（五）雪水云绿

雪水云绿茶核心产区位于桐庐县新合乡天堂峰、雪水岭一带。其外形单芽紧直略扁，芽锋显露，色泽嫩绿，香气清高持久，汤色清澈明亮，滋味鲜醇，叶底嫩匀绿亮。

（六）安顶云雾

安顶云雾主要产于富阳区里山镇安顶山。其外形扁平，色泽翠绿，汁液浓郁，香醇持久。

（七）天尊贡芽

天尊贡芽因产于桐庐县歌舞乡天尊峰东侧的天尊岩而得名。其形似寿眉，银毫显露，绿中透翠。冲泡后，嫩芽状如雀舌，香气清高持久。

（八）鸠坑毛尖

鸠坑毛尖主要产于淳安县鸠坑乡四季坪、万岁岭等地。其外形紧结，硕壮挺直，色泽嫩绿，白毫显露。冲泡后芽叶肥壮，汤色清澈，色泽黄绿明亮，银毫长而特显，散发芬芳且带有熟栗子香，滋味鲜浓。

淳安鸠坑毛尖
（鲁南摄影）

鸠坑毛尖茶园
（朱家骥摄影）

（九）九曲红梅

九曲红梅主要产于西湖区双浦镇的湖埠、双灵、张余、冯家、灵山、社井、仁桥、上阳、下阳一带，尤以湖埠大坞山所产品质最佳。因其色红香清如红梅，故名。其外形条索细若发丝，弯曲细紧如鱼钩，抓起来互相勾挂呈环状，色泽乌润，滋味浓郁，香气馥郁，汤色红艳，叶底红明。

九曲红梅
（张闻涛摄影）

（十）严州苞茶

严州苞茶又称建德苞茶，主要产于建德市新安江街道、洋溪街道、更楼街道、下涯镇、杨村桥镇、乾潭镇、梅城镇、三都镇、大洋镇等地。其外形为月弯条、花苞状，汤色嫩绿明亮，香气幽香清甜，滋味鲜醇回甘，叶底嫩匀成朵，典型品质特征为花苞形、清甜香。为中国地理标志保护产品。

西湖九曲红梅茶基
地（姚建心摄影）

龙井茶炒制
技艺·传承
（杭州西湖龙
井茶叶有限公
司供图）

茶人炒茶
（张闻涛摄影）

龙井茶炒制技艺·比赛（杭州市茶文化研究会供图）

外国游客体验炒茶（姚建心摄影）

（十一）绿茶泡法

温度：约85℃的水冲泡

器具：一般以透明玻璃杯为宜

泡法一：上投法

1.准备约200毫升容量的玻璃杯，先倒入七分半适温开水，再放入4克左右如径山毛峰一类显嫩毫的茶叶。

2.等待茶叶慢慢下沉。

3.观赏茶叶在杯中慢慢舒展，上下沉浮。

4.静待茶叶上下浮动，汤明色绿，茶叶溶出茶汤后即可品尝。

泡法二：中投法

雀舌含春不解语
（杭州市茶文化研
究会供图）

1.准备约200毫升容量的玻璃杯，先倒入约三分之一的适温开水，再放入4克左右如鸠坑毛尖一类显毫的茶叶。

2.待茶叶慢慢舒展后，轻微摇动茶杯，使干茶更快融入水中，再加七分半满的沸水。

3.静待茶叶上下浮动，茶叶溶出茶汤后即可品尝。

露芽吸尽香龙脂
（张闻涛摄影）

泡法三：下投法

1.准备约200毫升容量的玻璃杯，加入4克左右如西湖龙井一类不显毫的茶叶。

2.加入少许适温开水，刚好浸过杯中干茶表面。

3.拿起茶杯摇动，使茶叶完全濡湿，近杯轻嗅茶香。

4.待茶叶慢慢舒展后，用三点头方式加入约七分半满的沸水。

5.待茶叶进一步舒张开来，可观赏杯中茶叶的姿态，时而亭亭玉立于杯底，时而又悬空直立。

6.静待茶叶上下浮动，茶叶溶出茶汤后即可品尝。

（十二）红茶泡法

温度：约95℃的水冲泡

器具：一般以盖碗为宜

泡法一：冷泡法

准备约200毫升容量的盖碗，放入4克左右茶叶，倒入七分半烧开后凉透的水，待投入的茶叶慢慢地浸润出茶汁后即可品饮。

泡法二：杯泡法

准备约200毫升容量的茶杯，取4克左右茶叶，用适温开水冲泡。先倒入三分之一的水温润茶后倒出，再用适温开水沿着杯壁环绕冲入杯中至七分满，冲泡时间可随个人习惯而定。

泡法三：壶泡法

茶具可用简单的紫砂壶、复杂的功夫茶具等。

根据壶的大小取适量九曲红梅，用适温开水先醒一下茶，然后以冲泡紫砂壶的手法进行冲泡，前三泡下水后壶内停汤10秒左右出汤，后面几泡可根据口感，每泡适当增加壶内停汤秒数。

冲泡后，先弃第一泡茶，再用适温开水冲泡，倒入小杯，先闻香，再品味。

九曲红梅茶艺（引
自《西湖茶文
化》）

仿南宋鸟儿茶会（朱家骥摄影）

茶艺·杭州市茶艺师技能大赛（朱家骥摄影）

仿南宋斗茶（姚建心摄影）

茶艺·从小习得茶文化（朱家骥摄影）

外国游客学习
沏茶（姚建心
摄影）

西湖茶宴·虚位以待满室香
（朱家骥摄影）